STARTING A SCIENCE CENTER AND KEEPING IT RUNNING

과학관의
건립과 운영

정기주 옮김

Sheila Grinell 쉴라 그리넬

공주대학교출판부

ASTC에 대하여

과학기술센터협회(Association of Science - Technology Centers Incorporated : ASTC)는 점점 다양해지는 관람객들 속에서 과학의 대중 이해를 위해 헌신하는 과학센터와 과학박물관으로 구성된 조직이다. ASTC는 전 세계의 회원을 연결하여 비형식 과학교육의 우수성과 혁신을 장려하며 공동의 목표를 발전시켜 나간다. ASTC는 다양한 프로그램과 서비스를 통해 과학센터 분야의 전문적 발전을 도모하고, 모범 경영을 촉진시키며, 효과적인 의사소통을 지원하고, 지역 사회 내에서 과학센터의 입지를 강화하며, 성공적인 유대감 형성과 협력을 함양한다.

ASTC는 1973년에 설립되었으며, 현재 42개국 560여개의[1] 회원으로 구성되어 있다. 회원에는 과학센터와 과학기술센터, 과학박물관뿐만 아니라 자연센터, 수족관, 천체투영관, 동물원, 식물원, 천체영상관, 그리고 자연사박물관, 어린이과학박물관이 있으며, 과학관에 전시물과 서비스를 제공하는 단체인 협력회원과 비형식 과학교육에 관심을 가지고 있는 다른 기관들도 있다.

ASTC가 수행하는 주된 업무는 다음과 같다.
- 연례회의 및 전문적 발전을 위한 워크숍 지원
- 격월로 발행되는 학술지와 기타 간행물의 출판
- 해당 분야와 관련된 정보를 제공하는 웹사이트 운영
- 체험형 과학 전시물의 순회 전시

---

[1] 2016년 기준으로 약 50개국 600여 개 기관이 가입되어 있음

- 해당 분야에 대한 시대적 흐름을 추적 분석하고 관련 통계 조사
- 미 의회와 연방 정부기관들에 대해 과학센터들의 이익을 대표
- 비형식 과학교육자와 박물관 전문가들을 위한 전자우편서비스 제공

또한 ASTC는 회원기관들을 도와 형평성과 다양성을 증진시킴으로써 더 많은 수의 여성과 장애인 그리고 소수 민족과 인종들이 박물관을 방문하고 종사할 수 있도록 노력한다.

보다 자세한 정보를 위한 주소(2016년 기준) :

Association of Science - Technology Centers

818 Connecticut Avenue NW

7th Floor

Washington, DC 20006-2734 USA

202/783-7200

info@astc.org

www.astc.org

CONTENTS
과학관의 건립과 운영

A Place for Learning Science
Starting a Science Center and Keeping It Running

서 문	01
역자 서문	04
과학센터 및 이 책에 대하여	07
기 원	09
이 책에서 다루어진 사안들	11

Ⅰ 미션과 함께 시작하기 / 13

| 견 해 |

왜 "대중의 과학이해"에 대한 연구는 관람객의 소리를 경청해야 하는가?	38
• 브루스 르웬슈타인(Bruce Lewenstein)	
관람객들이 즐거운 시간을 보내고 있지만, 과연 그들은 무언가를 배우고 있는 것일까?	56
• 앨런 프리드먼(Alan Friedman)	

Ⅱ 관람객 이해하기 / 67

| 현장으로부터의 소리 |

함께하는 과학탐구 • 줄리 존슨(Julie Johnson)	86
과학센터 회원의 특징 • 리차드 툰(Richard Toon)	90

| 견 해 |

과학관 관람객 분석 • 로저 마일스(Roger Miles)	93

Ⅲ 전시물과 프로그램 기획하기 / 111

| 현장으로부터의 소리 |

전시물의 개념과 설계 • 프랭크 오펜하이머(Frank Oppenheimer)	141
비형식 학습과 학교의 경계 • 엘사 바일리(Elsa Bailey)	143

일일 과학자 · 쉬플리 뉼린 주니어(J. Shipley Newlin Jr.) **148**
교사와의 상호협력 · 콜린 블레어(Colleen Blair) **151**
교육계획의 수립 · 로라 마틴(Laura Martin) **154**
| 견 해 |
놀이로 접근하는 과학 · 데이빗 호킨스(David Hawkins) **157**

Ⅳ 사업 시작하기 / 173
| 현장으로부터의 소리 |
설립에서 운영으로의 전환기에 살아남는 10가지 비결
· 레오나르드 어비(Leonard J. Aube) **191**
| 견 해 |
비영리이사회의 새로운 업무 **196**
 · 바바라 테일러(Barbara E. Taylor), 리차드 체이트(Richard P. Chait),
   토머스 홀랜드(Thomas P. Holland)
시장 가치 : 효과적인 박물관 마케팅 계획 수립을 위한 다섯 단계 **216**
 · 토마스 에이지슨(Thomas H. Aageson)

Ⅴ 변화에 대비하기 / 231
| 현장으로부터의 소리 |
지속 가능한 모델 만들기 : 트렌드 읽기 · 폴 리차드(Paul Richard) **246**
| 견 해 |
숨겨진 자산을 통한 지속적인 성장 **251**
 · 애드리언 슬리워츠스키(Adrian. Slywotsky), 리처드 와이즈(Richard Wise),
   쉴라 그리넬의 논평

부록 A. 과학센터의 협력망 **257**
부록 B. 과학센터 개요 **259**
참고문헌 **261**

서 문

　이 책의 초판이 출간된 후 십년 동안 전 세계적으로 많은 과학센터가 생겨났다. 이제 이러한 생동감 넘치는 비형식과학학습 기관들을 스웨덴의 북쪽에서부터 칠레의 파타고니아 해변까지, 뉴질랜드에서 트리니다드에 이르기까지 모든 지역에서 볼 수 있게 되었다.

　여러 방면에서 국경을 넘어선 나눔과 상호지원의 전통과 문화가 범세계적 흐름이 되어왔다. 1996년 이후 2~3년 마다 한 번씩 개최되어온 과학센터세계총회(The Science Centre World Congress)는 이제 과학센터 공동체의 국제적인 포럼으로 자리 잡았다.

　그러나 과학센터는 지역의 자원과 필요 그리고 규범들에 의해서도 많은 영향을 받는다. 예를 들어, 호주에서는 순회전시와 찾아가는 프로그램이 강조되어온 반면, 중남미에서는 지역개발과 건강이 중요한 주제들로 다루어진다. 영국에서는 밀레니엄 기금(Millennium Fund)에 의해 많은 성장이 이루어지고 있고, 말레이시아와 중동에서는 추진력의 일부가 석유산업에 의한 투자에서 오고 있다. 심지어는 베르누이 송풍기(Bernoulli Blower)[2]와 같은 친숙한 전시물도 각 지역의 문화적 선호에 따라 다른 형태를 취한다.

　1992년 출간 당시 이 책의 원래 제목은 "과학학습의 새로운 장소(A New Place for Learning Science)"이었으며, 근본적으로 새롭게 시작

---

[2] 베르누이 송풍기에 대한 계획은 1980년에 출판된 익스플로라토리움의 「Cook book Ⅱ」에 기술되어 있다(샌프란시스코, 캘리포니아 : 익스플로라토리움, 1987). 익스플로라토리움 웹사이트(www.exploratorium.edu/books/bernoulli)의 "전세계의 베르누이 송풍기"에서는 기본계획 적용의 일부를 보여주고 있다.

하는 과학센터를 위해 쓴 것이었다. 이번 판에서는 좀 더 새로우면서도 일반적인 관심을 끌만한 자료들로 대폭적인 수정을 가하였다. 결론 부분에서는, 1980년대에 폭발적으로 설립된 많은 과학센터들이 이제 어느 정도 성숙한 단계에 이르러 운영의 지속성에 대한 관심이 증가하고 있다는 것을 인지한다. 비록 이 책이 실무적인 차원에서 북미 그중에서도 특히 미국의 사례에 집중되어 있지만 다른 지역의 독자들에게도 유용하기를 바란다.

ASTC는 개정 작업을 맡아준 쉴라 그리넬(Sheila Grinell)에게 감사를 표한다. 익스플로라토리움(Exploratorium)의 설립자 중 한사람으로, 후에는 ASTC 상무이사를 지낸 쉴라는 과학센터가 형성되는 시기에 과학센터 운동의 중심에 자리하고 있었다. 그녀는 1988년부터 1994년까지 ASTC의 새로운 과학센터를 위한 연구소(Institute for New Science Centers)를 이끌었다. 또한 그녀는 뉴욕사이언스홀(New York Hall of Science)의 부관장을 지냈으며, 많은 새로운 과학센터 및 전시 프로젝트에 자문위원으로 참여해왔다. 1993년부터는 애리조나 과학센터(Arizona Science Center)의 건립과 개관은 물론 지역사회에 지속적인 서비스를 제공할 수 있을 때까지 센터를 이끌었다.

쉴라와 나는 공동으로 개정판에 수록할 글과 곁글들을 선정하고 준비하였다. ASTC의 편집자인 캐롤린 수터필드(Carolyn Sutterfield)는 이 책의 편집을 맡았고, ASTC의 연구조교인 힐러리 트로이스터(Hilary Troester)는 최종본의 검토를 도와주었다.

지구상의 각 지역별로 구축된 협력망(Networks)[3]의 증가는 과학센터를 기획하는 사람들에게 전문적 개발 기회, 연구 논문, 소통망, 협력 프로그램, 웹사이트 및 단체 이메일 사용 등 가치 있는 다양한 자원들의 이용을 더욱 가능하도록 하고 있다. 우리는 독자들이 이러한 지역 협력망에 참여하여 국제적인 동료들과도 상호 교류하기를 원한다. 과학 지식에는 경계가 없으며 우리의 일 또한 그러하다.

웬디 폴록(Wendy Pollock)
과학기술센터협회
워싱턴 디씨, 미국
2003년 1월

---

3) 주요 과학센터 협력망의 목록은 부록 A를 참고하라.

역자 서문

21세기 고도의 지식기반 사회에서 과학기술은 지속 가능한 경제 성장과 보다 많은 양질의 일자리 창출 그리고 사회적 갈등을 해결하는 원동력이 된다. 이렇듯 중요한 과학기술의 발전을 위해서는 무엇보다 국민의 과학기술에 대한 관심과 이해 그리고 참여가 선행되어야 한다.

이러한 인식을 바탕으로 과학 기술력이 앞선 나라는 물론 전 세계의 거의 모든 나라들이 과학기술에 대한 국민의 관심과 이해를 함양하기 위해 학교 과학교육 외에 여러 방면으로 노력을 기울여 오고 있다. 많은 나라들이 과학관을 건립하고 운영하는 것도 이런 노력 가운데 하나이다.

우리나라에서도, 특히 「제2차 과학관육성기본계획('09~'13)」 수행 기간 중 과학관이 대폭적으로 확충되었으며, 이와 더불어 국내 과학관 운영 활성화를 위한 많은 노력들이 계속되고 있다.

그러나 많은 노력에도 불구하고 국내 과학관의 발전 속도는 여전히 더딘 것이 사실이다. 그 원인은 여러 가지가 있을 수 있겠지만, 선진국에 비해 국내 과학관의 역사가 일천한 탓에 과학관 운영에 대한 노하우가 충분히 축적되지 못한 것이 가장 큰 원인이 될 것이다. 과학은 물론 공학, 과학교육, 경영, 인문학 등 다양한 학문이 개입되어야 하는 과학관학 특성상 국내에서 과학관 운영 전체를 아우르는 전문가를 찾기는 매우 어렵다. 그런 가운데 과학관에 대한 전체적 이해 없이 프로젝트 수행 위주의 일회성 연구 참여로 과학관에 대한 연구의 지속성이 결여되고, 과학관에 대한 소양이 부족한 일반 연구자들이 과학전시 연구를 다루는 과정에서 많은 왜곡과 오류가 발생한 것 또한 사실이다.

비록 출발은 늦었지만 그들이 겪었던 시행착오를 줄여 선진 외국의 과학관을 따라잡고 보다 효과적인 과학관 발전을 위해서는 과학관 전반에 대한 이론적·실무적 토대의 확립과 확산이 무엇보다 선행되어야 한다.

다행스럽게도 2009년부터 국립중앙과학관에서 과학관 전문인력 양성을 위한 다양한 프로그램을 진행하면서 여러 권의 과학관 전문 서적 출판과 더불어 선진 외국의 과학관 관련 서적의 번역 출판도 병행하고 있다. 그렇지만 이들 서적의 주제 대부분이 전시기획과 과학교육에 치우쳐 있다는 것이 그동안 아쉬움으로 남아 있었다.

「과학관의 건립과 운영」의 영문 서명은 본래 「과학학습의 한 마당; 과학센터의 시작과 운영(A Place for Learning Science; Starting a Science Center and Keeping It Running)」이다. 비록 출간된 지 15년이 지났지만 이 책으로부터 과학관 운영에 대한 많은 시사점을 얻을 수 있을 것으로 확신한다. 과학관을 건립하고 운영하는 데 가장 중요하다 할 수 있는 기관의 '사명 수립'과 '관람객 이해하기', '전시물과 프로그램 기획', '과학관 운영', 그리고 대내·외적 '환경 변화에 대비하기' 등 과학관의 건립부터 운영에 이르기까지 과학관에 대한 기초적 이론과 시행착오를 겪으면서 얻은 많은 글들은 틀림없이 우리에게 많은 도전을 줄 것이다.

여러 학문 분야의 전문가와 실무 경험이 풍부한 과학관 종사자들이

전하고자 하는 얘기를 완벽히 담아내기에는 턱없이 부족한 능력 탓에 망설이고 있던 본인에게 무한한 용기와 응원을 보내준 전태일, 박근태 교수 그리고 오랜 시간 원고를 반복하여 같이 검토해 준 공주대학교 대학원 과학관학과 학생 모두에게 감사를 전한다.

과학센터 및 이 책에 대하여

지난 수십 년 동안, 전 세계적으로 많은 과학센터가 문을 열었다. 오늘날 이러한 새로운 유형의 박물관은 1,200개(이들 중 약 400개가 북아메리카에 있다) 정도가 되며, 과학센터 건립에 대한 관심은 여전히 강렬하다.[4]

과학센터가 있는 도시의 관람객들은 전시물을 잡아당겨 보거나 측정해 보는 등의 적극적이며, 때로는 소란스럽게 탐구해보도록 설계된 학습 환경에 익숙해져 왔다. 분류학에 근거하여 소장품을 유리 상자에 전시하고 학자나 보존처리 담당자들만이 만져보는 전통적인 의미의 박물관을 뒤로한 채 과학센터와 과학관이 활동적인 탐구의 중심이 되었다.

과학센터를 찾는 가족들은 중력, 지렛대, 도르래, 광학과 시각, 지역 생태계, 에너지와 전기전자, 그리고 인체에 대한 전시물들을 만날 수 있다. 부모와 자녀들은 전시물을 조작하면서 그들 스스로 실험가가 되기도 하고 실험 대상이 되기도 한다. 또한 그들은 소눈의 해부나 매우 낮은 온도의 액체 질소가 꽃에 미치는 영향 등과 같은 시연을 보기도 하며, 자신들이 목격한 호기심을 끄는 극적인 현상에 대해 질문을 하기도 한다. 그들은 자신들의 호기심이 자극되고 또 충족되는 안전하고 쾌적한 환경에서 즐거운 시간을 보낸다.

오늘날 미국에서는 작은 지역공동체들이 더 작은, 때로는 개인

---

[4] Per-Edvin Persson, "Global Science Centre Statistics", 3차 과학센터세계총회 자료집, 캔버라, 호주, 2002

적으로 운영되는 과학센터를 설립하는 일이 증가하고 있다. 반면에 대도시에서는 몇몇 전통적인 과학관들이 확장을 통해 과학센터를 특징짓는 교육 목적이나 상호작용 기술을 채택하기도 한다. 관람객의 관점을 통합하는 상호작용(Interactive) 기술을 포함시키려는 노력은 과학관을 넘어 동물원, 수족관, 심지어는 상업적 기업들에게까지 확장되고 있다. 성장 방식은 다양하지만, 미국 이외의 몇몇 국가들은 정부지원으로 대규모의 과학센터를 수도에 짓고 있고, 어떤 국가들은 수많은 소규모 과학 자료 센터를 발전시키고 있다. 규모의 대소에 관계없이 과학센터가 관람객에게 제공하는 경험은 본질적으로 유사하다.

기 원

　과학센터들은 미션과 철학을 공유한다. 넓게 말해서, 그들의 미션은 대중들이 과학과 기술의 목표와 아이디어에 친숙해지도록 돕는 것이다. 그들의 철학은, 학습은 사물과 현상을 직접 다루고, 관찰하고, 질문을 던지는 등 능동적으로 참여할 때 가장 효과적으로 진행된다는 것이다.

　과학센터의 발전에 대한 영감은 부분적으로 산업전시회와 만국박람회의 성공적인 개최가 정점에 있던 1925년에 개관한 뮌헨의 독일박물관(Deutsches Museum)으로부터 시작되었다. 독일박물관은 과학 기구와 산업기계에 대한 역사적 소장품들을 전시하는 한편, 이들의 작동원리와 중요성을 관람객들에게 설명하기 시작했다. 기계들은 움직였고, 시연자들은 원리를 설명하였으며, 관람객들은 기구들을 다루었다. 이 박물관의 대중적이고 교육적인 미션과 생동감 있는 기술들은 곧 유럽과 미국에 스며들었다[5].

　십 년간의 과학교육 개혁이 이루어진 뒤인 1960년대 후반에, 관람객과 전시물간의 상호작용에 더욱 공을 들인 두 개의 과학센터가 북미에서 개관하였다. 샌프란시스코의 익스플로라토리움과 토론토 근처의 온타리오 과학센터(Ontario Science Centre)는 역사적이고 산업적인 유물 대신 관람객들이 기초과학을 쉽게 받아들이고 소통할 수 있는 기구와 프로그램을 설계하였다. 이들 두 과학센터는

---

[5] 과학센터의 역사에 대해서는 아래 문헌을 참고하라.
　　Victor J. Danilov, Science and Technology Centers(Cambridge, Mass.: The MIT Press, 1982).

현상에 대한 직접적인 경험을 제공하도록 주의 깊게 설계된 전시물과 프로그램이 일반적인 사람들을 사로잡고 최적의 환경에서 과학에 대한 독창적인 생각을 자극한다고 가정하였다.

그 후 수십 년간, 또 다른 여섯 개의 선구적인 과학센터들과 더불어 익스플로라토리움과 온타리오 과학센터의 교육철학과 방법이 폭넓게 수용되어 왔다. 과학센터 및 이와 유사한 성격의 과학관들이 번성했는데, 2001년에는 ASTC의 445개 회원기관에 1억 6천만 명의 관람객이 방문했으며 대다수가 흑자 경영을 하였다.[6]

성공적인 선례들을 따라 새로운 과학센터들이 지어졌고 계속 지어지고 있다. 이들은 종종 이전에 어디에선가 한번 전시되어 사람들을 다시 불러 모을 만큼 충분히 흥미롭다고 증명된 전시물들을 선보이는 한편 새로운 전시 분야를 찾는데 기여하기도 하였다. 이들은, 예를 들어, 환경과학과 첨단기술 등과 같은 시사성 있는 주제의 전시물을 만들기도 하고, 특정 지역의 관람객들을 위한 교육프로그램을 개발하기도 하며, 어떤 과학센터들은 지역의 경제 개발 활동에 참여하기도 한다.[7]

---

[6] ASTC Sourcebook of Science Center Statistics 2002(Washington, D.C.: ASTC, 2003). 117개 박물관이 보고한 관람객 수 48,292,857명을 바탕으로 445개의 모든 과학센터 및 과학관 관람객 수를 추정한 것임

[7] Peggy Wireman, Partnerships for Prosperity: Museums and Economic Development (Washington, D.C.: American Association of Museums, 1997)과 Sandra Wilcoxon, "Measuring Your Impact," Museum News(November/December 1991)을 참조하라.

이 책에서 다루어진 사안들

과학관의 규모와 운영체제 등에 상관없이 새로운 과학센터를 시작하거나, 기존 과학관에 과학센터의 기능을 추가 또는 기존 과학관을 확장하려는 사람들은 다음과 같은 일들과 마주치게 된다.

- 지역 공동체에서 과학센터가 담당할 역할 정의하기
- 관람객을 개발하고 그들의 요구를 이해하기
- 관람객의 탐구활동을 격려하고 지원하는 흥미로운 전시물과 프로그램 만들기
- 재정적인 측면에서 건전하고 안정적인 센터 운영하기

이들 각각의 일들은 서로에게 영향을 미쳐서, 구상 단계에 있는 신생 과학관을 새로운 방향으로 변모하게 하는 정보를 제공하기도 한다. 21세기 과학센터들은 빠르게 발전하는 기술 변화와 넘쳐나는 정보와 여흥에 대한 선택권을 누리게 된 관람객이라는 추가적인 도전을 받고 있다. 과학센터와 과학관들은 이러한 새로운 현실에 대처하기 위한 방법들을 모색하고 있다.

이 책에서는 과학센터의 중심 업무인 '미션과 함께 시작하기', '관람객 이해하기', '전시물과 프로그램 기획하기', '사업 시작하기', 그리고 '변화에 대비하기'를 다섯 개의 장에 걸쳐 기술하고 있다. 각각의 장은 과학관 기획자나 구성원들이 제기하는 주요 질문들을

논의하는 개요로 시작하여, 전문 분석가들이 짧은 평론에서 밝힌 견해, 과학관 설립자와 실무자들의 핵심적 시각이 담긴 곁글이 뒤를 잇는다. 먼저 다섯 개의 개요를 읽은 다음 다시 앞으로 돌아와 견해와 곁글들을 자세히 읽어보길 바란다.

이 책의 내용들이 과학센터가 어떻게 하면 성장할 수 있는지에 대한 공식이나 예상되는 모형을 제공하지는 않는다. 하나의 과학센터를 건립한다는 것은 개인의 능력, 지역의 자원, 시간 등에 따라 달라서 문자화시키기에는 너무 복잡하다. 하지만 다른 사람들이 그들의 과학센터를 만들면서 가졌던 생각과 활동 사례들을 발견하게 될 것이다. 이런 사례들은 당신의 지역사회에 체험으로 과학을 접할 수 있는 공간을 만드는데 도움을 줄 것이다.

I

미션과 함께 시작하기

I 미션과 함께 시작하기

사람들은 다양한 경로를 통해 과학과 기술을 접하게 된다. 어려서는 학교에서, 나중에 직장을 갖게 되면 자신의 업무에 대한 기술적 기초 지식을 향상시킬 기회를 갖게 된다. 사람들은 일생동안 신문, 잡지, 그리고 온라인 매체를 통해 과학에 대한 글을 읽게 되고, 텔레비전을 통해 이를 보기도 하며, 박물관이나 과학센터, 식물원, 동물원을 방문해서 과학을 접하게 된다. 또한 취미활동, 캠프, 동호회 활동을 통해 과학에 참여하며, 가족이나 친구들과 과학에 대한 이야기를 나누기도 한다.[1] 어린이들조차 학교보다는 학교 밖에서 과학에 대해 배우는 시간이 더 많은데, 이러한 현상은 15세가 넘어서면 더욱 두드러진다.[2]

1980년대에 미국 정부는 학교 밖에서 이뤄지는 과학 학습을 비형식 과학교육(Informal Science Education)이라는 용어로 부르기 시작했다. 이러한 비형식 과학교육은 텔레비전을 포함한 신문, 박물관, 그리고 여러 형태의 지역사회단체 등 다양한 경로를 통해 이뤄지게 되는데, 이들 각각은 서로 다른 대중에게 서로 다른 종류의 학습 기회를 제공한다.[3] 이러한 소통 경로의 성격과 다양성은 상업적, 정치적 이해관계에 따라 영향을 받는다.

많은 보고서와 위원회의 연구 결과에 따르면, 비형식 과학교육이

비록 단편적이고 제도적인 제약을 갖고 있음에도 불구하고, 대중의 과학과 기술에 대한 인지형성에 중요한 역할을 하는 것으로 알려져 있다.[4] 이러한 점에서 과학센터를 비롯한 다른 형태의 상호작용 과학학습 기관들은 비형식 과학교육 분야에서 중요한 역할을 하는 것으로 인정되어 왔다.

과학적 소양에 대한 우려

많은 나라의 사람들은 과학과 기술에 대한 일반적 관심은 물론 상대적으로 긍정적인 태도를 가지고 있다. 미국의 경우, 한 조사 결과에 따르면 성인의 90%가 과학적 발견과 새로운 발명품 및 기술의 사용에 대해 보통 이상의 관심을 가지고 있다.[5]

그러나 이러한 호의적인 관심과 태도에도 불구하고, 많은 지역에서 사람들의 과학적 소양(Scientific Literacy)은 많이 부족한 편이다. 국제 연구에 의하면, 미국 8학년 학생들의 수학 성취도는 38개 국가 중 19위, 과학은 18위로 나타나 심각한 우려를 자아내고 있다.[6]

1979년부터 국립과학재단(National Science Foundation, NSF)에서 대중의 과학에 대한 이해를 연구해 온 존 밀러(Jon Miller)는, 미국 성인 인구의 17%만이 "과학적 소양을 갖춘 시민"으로 간주될 수 있다고 말한다. 밀러가 정의한 과학적 소양을 갖춘 시민이란 "현대 산업사회를 살아가는 시민으로서 요구되는 과학과 기술을 이해하는 수준을 갖춘 사람"으로, 과학적 소양에는 과학적 과정과 개념 및 구조에 대한 기본적 이해와 정보를 규칙적으로 습득하는 것이 포함된다.[7]

17% 라는 수치는 1990년대 들어 증가한 수치임에도 불구하고 밀러를 포함한 일부 사람들은 그 수치가 충분치 않다고 생각한다.

한편, 미래의 노동인구로서 그 비중이 증가하고 있는 여성과 유색인종에 대한 기술교육의 부족,[8] 특히 컴퓨터 과학 분야에서 여성의 비중이 줄어드는 것과 공학 분야에서 유색인종의 비중이 감소하는 것은 매우 우려스러운 일이다.

미국과 유럽연합을 비롯한 세계 많은 나라의 지도자들은 이 문제를 사회 구조의 여러 국면에 영향을 미칠 심각한 문제로 인식하고 있다. 과학과 기술에 대한 관심이 부족한 이유의 대부분은 학교 교육의 결함에서 비롯된다고 여겨지고 있다. 예를 들어, 2001년 유럽연합이 실시한 한 연구에 의하면, 설문에 참여한 사람들의 59.5%가 과학 학습 및 과학 분야 직업 선택에 대한 관심이 감소하는 이유 중 하나로 "학교에서의 과학교육이 충분히 매력적이지 않기 때문"이라고 응답했으며,[9] 다른 분석가들도 이러한 결과에 동의하고 있다. 미국 초등학교에서는, 아이들의 흡수력이 제일 좋은 시기임에도 불구하고, 교사들이 학생들을 이끌어나갈 능력이 충분치 않아 과학을 거의 가르치지 않는다.

중·고등학교의 경우, 많은 학생들이 과학과목을 선택하지 않아 지역 교육청에서는 교과목을 재조정하거나, 교사들은 자신의 전공이 아닌 과목을 담당하기도 한다. 교사들은 실험수업을 더 선호한다고 말하지만 사실은 교과서와 강의에 의존하는 경향이 있다. 많은 교사들이 이러한 방식의 수업이 적극적이며 때로는 매력적인 지식 추구로써의 과학에서 벗어나 단순한 어휘 공부로 변질된다는 것을 알지만,

강의는 시간과 돈이 적게 들고 준비해야할 자료들도 적기 때문이다. 이와 같은 교수 방식을 개선하고자 학생들에게 무엇을, 언제, 어떻게 가르쳐야 하는지에 대한 몇 가지 포괄적인 계획들이 공표되었지만,[10] 많은 연구에 따르면 충분치 못한 장비와 재료, 그리고 교사의 준비 부족이 여전히 초등학교 및 중학교에서의 과학교육을 향상시키려는 노력을 방해하는 장애물로 남아 있다.[11]

학교 개혁론자들은 학교 자체만의 노력으로 학생들이 과학을 배우거나 배우고 싶은 마음이 생기도록 하는데 충분치 않다는 것을 인식하고 있다. 학생들의 태도와 선택은 가족, 친구, 미디어 그리고 자신의 경험에 의해 드러난 가능성에 영향을 받는다. 이들이 과학을 배우고 싶어 하기 위해서는 먼저 다양하고 광범위한 과학과의 만남이 필요하며, 이러한 만남은 계속해서 반복적으로 이루어져야 한다. 비형식 과학교육의 각 경로는 이러한 지속적이고 반복적인 만남을 제공할 수 있으며, 각각이 담고 있는 고유의 메시지를 통해 대중에게 다가갈 수 있다. 정부 지도자들은 이러한 비형식 과학교육 채널의 이용과 새로운 자원을 동원하여 청소년은 물론 성인들도 쉽고 즐겁게 과학을 학습할 수 있는 사회적 환경을 제공하도록 모든 사회 분야 관계자들에게 요청하고 있다.

과학센터의 역할

과학자와 공학자는 정교한 언어, 명확한 관습과 노력을 요하는 입문 과정의 문화를 공유한다. 우리의 일상생활은 그들의 복잡하고 까다로운 문화적 산출물에 의존한다. 우리 대부분은 과학과 기술에 대해 초보자이며, 과학문화를 이용하고 해석하는 능력이 거의 없거나 다소 제한적이다. 과학센터는 이러한 전문가와 초보자 간의 격차를 줄이는데 도움이 될 수 있다.

과학센터는 과학 및 과학자에 대한 접근을 제공할 뿐 아니라, 기술적인 아이디어와 산출물에 대한 친숙함을 증가시키며, 현상에 대한 직접적인 체험을 가능하게 한다. 출판물이나 전자매체와는 달리 과학센터는 입체적이어서, 방문객들이 자료를 다뤄볼 수 있고, 전문가 혹은 해설자와 직접 마주하여 질문을 할 수 있다. 이러한 직접적인 접촉은 방문객들로 하여금 좀 더 많이 참여할 수 있도록 강력한 동기를 부여하며 지속적인 학습을 위한 토대를 다져준다.

접근성

과학센터는 자연사 분야의 희귀물을 볼 수 있으며, 과학에 대해 마음 놓고 질문할 수 있는 몇 안 되는 장소 중 하나이다. 과학센터는 과학에 지역적 현장감과, 과학센터가 아니면 다른 곳에서는 존재할 수 없는 과학에 대한 독창성을 부여한다. 과학센터 직원들은 시민과 학생이 함께 과학에 참여하는 방법을 찾아내기 위해 끊임없이 노력한다. 과학센터에서 진행되는 캠프, 일식이나 다른 천체 현상의 웹캠 중계, 유전자 조작 식품과 같은 논쟁적인 사안에 대한 공개토론 진행, 다양한 소품과 함께하는 과학자와의 대화 등은 과학센터의 여러 혁신 중 일부이다.

대부분의 과학센터는 학교보다 더 유연하고 기업적인 구조를 가지고 있다. 그들은 학교에서 할 수 없는 다양한 사업을 시도하거나 과학 학습을 위한 협력을 이끌어낼 수도 있다. 적절한 투자를 바탕으로 이루어지는 과학센터의 시범 프로그램들은 지역사회의 과학 교육 자원을 개선하는 효과적인 산실 역할을 할 수 있다. 과학적으로 내용이 탄탄하고 접근이 용이하다면 이러한 지역사회 지향적인 서비스는 다양한 형태로 발전할 수 있다.

편안함

과학센터는 대부분의 사람들이 부담스러워 하는 형식적인 사전지식이 없어도 과학과 기술을 볼 수 있게 해준다. 방문객들은 수학에 대한 배경지식이나 관련 주제에 대한 사전지식이 필요치 않다. 학년이 따로 있는 것도 아니고, 혼자서 가야하는 것도 아니다. 과학센터는 관람객들이 전시물의 내용에 접근하는데 더욱 용이하도록 많은 기회를 제공하여 관람객이 과학과 기술을 더욱 편안하게 느낄 수 있도록 노력하고 있다. 현상이 제시되고, 해석이 명확하며, 어렵지 않고, 미적으로도 호감이 가며, 신체적으로 참여할 기회가 주어진다면 과학센터 방문은 자신의 무지함을 드러내는 경험이 아닌 편안한 탐구와 큰 즐거움으로 변하게 된다.

대부분의 과학센터는 방문객의 개인적인 선택에 의해 전시물을 탐구하도록 격려한다. 방문객들이 개인의 특성에 맞게 관람하기를 원하며, 관람동선을 획일적으로 구성하지 않는다. 또한 과학센터는 방문객들이 가족이나 친구 등 단체로 전시물과 상호작용하기를 바라며, 모두를 위한 무언가를 항상 포함시키려고 노력한다. 개인적인 선택과 협동 탐구는 과학 학습력을 증대시킨다는 연구 결과도 있다.[12] 과학센터는 가족들이 다시 방문하고 싶도록 확실히 즐거운 시간을 만들어 준다.

체험

물리학자 필립 모리슨(Philip Morrison)을 비롯한 몇몇 사람들은, 오늘날 도시에서 자란 사람들은 텔레비전이나 컴퓨터를 통해 정보를 수동적으로 받아들일 뿐 농부나 장인들처럼 밧줄과 도르래, 물과 불을 다뤄보지 않았기 때문에 자연세계가 어떻게 돌아가는지에 대한 직관력을 갖고 있지 못하다고 지적했다. 학교는 우리에게 자연법칙과 어휘를 가르치지만, 그런 법칙이 적용되는 실제 세계에 대해서는 가르치지 않는다.[13]

자연법칙의 힘과 우아함을 이해하기 위해 학생들은 법칙이 왜 필요하며 이러한 법칙으로 설명할 수 있는 신기한 일들이 실제 세계에서 많이 일어난다는 것을 알아야 한다. 예를 들면, 학생들이 반사와 상의 초점거리에 대한 개념을 이해하기 전에 반사와 상을 가지고 충분히 놀아볼 필요가 있다. 즉, 사물들이 원래 있어야 할 곳에 있지 않은 것을 확인하거나, 상의 찌그러짐을 보고 웃거나, 보이지 않는 자외선이 자신들의 손에 초점이 맞춰져 있는 것을 느껴볼 필요가 있다. 거울과 렌즈를 서툰 솜씨로나마 직접 다뤄보는 것은 학생들의 호기심과 자신감을 길러줄 것이고 이들에게 자신의 생각을 발전시킬 수 있는 탄탄한 토대를 만들어 줄 것이다.

과학센터는 학생, 부모, 교사들에게 전시물과 실험 기구를 직접 조작함으로써 자연세계에 대한 직관력을 형성하는 기회를 제공하기 위해 애쓰고 있다. 또한 과학센터는 특정 주제에 대한 정보를 전달하거나, 방문객들로 하여금 과학자와 기술자들이 자연에 대한 지식을 발전시키는데 활용하는 사고의 습관과 친숙해지도록 한다. 하지만 어떠한 경우에도 과학센터는 자신들의 역할을 학교의 역할과 구분한다.

과학센터는 과학과 기술의 실제 세계와 학교의 통제된 세계 사이에 존재한다고 할 수 있다. 과학센터는 방문객이 자신들이 제공하는 것들에 대해 마치 책을 읽거나 수업을 듣듯이 체계적으로 접근하기를 원치 않는다. 많은 관람객들이 자신들이 원하는 대로 둘러보고 돌아다니기를 기대한다. 전시물과의 우연한 조우를 통해 매력을 느끼고, 자극받으며, 그들을 둘러싼 세계의 구조에 대해 새로운 무언가를 하나라도 발견하기를 원한다. 과학센터는 방문객의 생활 배경이나 관심사 그리고 재능이 다름을 인식하고, 관람객이 매번 방문할 때마다 전문가적 관점에 한걸음 더 가까워질 수 있도록 해준다.

성과평가

과학센터는 관람객들이 자신만의 발견을 할 수 있도록 도와주는 기관이다. 여기서의 자신만의 발견이란 교육자들이 말하는 의미파악(Meaning Making)과 같은 맥락이다. 형식적 과학교육자들은 학생들의 탐구 능력을 향상시키는 교수법, 추론 능력의 개발, 탐구 과정의 일부로써 새로운 상황에 지식을 적용할 수 있는 능력에 가치를 둔다.[14] 하지만 학생 수가 적절히 통제되고 여러 번의 시험을 치룰 수 있는 학교 현장에서조차 탐구능력이 어떻게 정확히 평가되어야 하는지는 여전히 논쟁의 대상으로 남아 있다.[15] 과학센터는 시험도 없고 심지어 제출해야 하는 과제조차 없으며, 관람객 수의 변화도 심하며, 관람객이 여러 번 방문하지 않을 수도 있으며, 교육 목표도 아주 광범위하게 정의되어 있기 때문에 이러한 평가는 더욱 어려운 실정이다.

때때로 과학센터 평론가나 심지어 지지자들에게서 받는 어려운 질문은 바로 과학센터에서의 경험이 관람객들이 과학을 얼마나 배워가게 되는지에 끼치는 영향에 관한 것이다. 그러나 누구도 관람객의 학습에 미치는 과학센터의 영향을 계량화하는 방법을 찾지는 못했다. 하지만 일부에서는 이러한 질문이 반드시 올바른 것이 아닐 수 있다고 얘기하고 있다.[16]

문제의 일부는 언제 배움이 일어나는지 예측할 수 없다는데 있다. 어떤 어린이는 전시물에서 보았던 무언가를 통해 몇 개월 후 학교에서 처음 배우는 개념을 깨달을 수도 있을 것이기 때문이다. 또한 자신감의 제고, 흥미 유발, 또는 심미적 즐거움의 제공 등 관람객 경험의 정서적 가치는 예상할 수 없다는 것이다. 익스플로러토리움의 설립자인 프랭크 오펜하이머(Frank Oppenheimer)는 과학센터를 방문했던 한 여성 관람객에 대해 얘기하곤 했는데, 그녀는 과학센터를 방문하고서 전구를 갈아 끼울 수 있는 자신감을 얻었다고 말했다는 것이다. 관람을 마치고 과학센터를 나설 때 이루어지는 설문조사나 인터뷰를 통해 이런 내용을 어떻게 알아낼 수 있겠는가?

구체적인 수치가 없는 상황에서 과학센터의 직원과 봉사자들은 전시장에서 종종 일어나는 일들과 일상을 관찰하는 쪽으로 방향을 바꾼다. 그들은 과학센터가 아니면 발생하기 어려운, 무엇인가 가치 있는 일이 관람객에게 일어나는지를 관찰하고 있다. 과학센터의 환경이 관람객들에게 기술 관련 주제들을 탐구하도록 동기부여를 하는 것을 보았으며, 또한 물리적 탐구가 과학 이해의 발전에 토대로 작용하는 것을 느끼고 있다. 갈수록 증가하고 있는 과학센터나 다른 환경에서의 학습에 대한 연구가 이러한 관찰을 뒷받침한다.

예를 들어, 어떤 연구들은 과학센터의 프로그램이 연수 프로그램에 참여한 교사나 전시장에 임시 직원으로 참여하고 있는 학생들과 같은 특별한 관람객에 미치는 영향에 대해 기록해 왔다. 익스플로러토리움에서 10년 동안 전시해설사로 일했던 청소년들을 대상으로 실시한 설문조사에 의하면, 그들의 경험이 지속적이고 긍정적인 방향으로 영향을 미쳤음을 발견할 수 있다.[17] 보통 6개월 정도 단기간에 걸친 해설사(Explainers) 활동이 청소년의 의사소통 능력을 향상시키고 과학학습에 대한 흥미를 증가시킨다는 보고도 있다. 청소년이 참여할 수 있는 다른 몇 개의 프로그램 또한 이러한 효과를 신속하고 훌륭하게 이뤄내고 있다. ASTC에서 10년 간 진행한 '생동감 있는 청소년(*Youth*ALIVE!)' 프로그램에서도 유사한 결과를 얻었는데, 이로 인해 많은 미국 과학센터들이 청소년을 위한 프로그램을 지원하게 되었다.[18]

과학센터 방문에 대한 기억이 오랫동안 유지되어 가족 및 친구들과의 대화 주제가 될 수 있는지를 연구한 결과도 있다.[19] 동기 부여에 대한 연구들은, 학습자가 즐겁고 도전적인 경험을 추구하는데 이는 바로 과학센터가 제공하는 경험이며 이런 경험에서 발생한 본질적인 동기는 평생 학습의 근간이 될 수 있다고 제안한다.[20] 분명한 것은 자신들만의 과학센터를 갖고 싶어 하는 많은 지역사회의 사람들이 이러한 결론들을 공유하고 있다는 것이다.

과학센터의 정의

이러한 공통적인 목표 아래 과학센터는 다양한 의제(Agenda)를 선택한다. 과학센터의 주제는 매우 다양하며 주제별로 각기 다른 특성을 갖는다.

어떤 과학센터는 모든 연령대의 사람을 관람객으로 설정하고, 또 일부는 특정 계층을 주 관람 대상으로 한다. 어느 소규모 과학센터는 학교에서 직접 수행할 수 없는 교육적 기능을 도맡아 지역 초등학교에 더 초점을 맞출 수도 있다. 어떤 과학센터는 대학과 협력하여 과학교육을 직업으로 생각하고 있는 학부생의 교육에 특화될 수도 있다. 도심 가까이에 위치한 과학센터는 과학센터를 찾지 않는 가족들을 끌어들이기 위해 교회나 시민단체들과 함께 폭넓게 협력하기도 한다. 어떤 과학센터는 멀리 떨어진 지역에 사는 사람들과 소통하기 위한 방법을 찾기도 한다. 개발도상국의 과학센터는 빈민층이 사는 지역에서 식수의 안전성을 시험하는 것을 가르치며 왜

그래야 하는지 이유를 설명하는 등의 실용적인 기술지원을 하기도 한다. 직업 훈련을 제공하는 과학센터도 있다.

어떤 과학센터는 과학의 모든 영역을 다루는 반면 과학, 의학, 또는 기술의 특정 주제에 집중하는 과학센터도 있다. 어느 과학센터는 주목할 만한 대표적인 전시물을 보유할 수도 있고 혹은 지역의 주요 산업에 기반한 전시물과 프로그램을 개발할 수도 있다. 또한 과학센터가 위치한 지역의 지리학적 특성에 초점을 맞추기도 한다. 어떤 과학센터는 직원이나 후원자들이 흥미를 느끼거나 특별히 경쟁력이 있다고 여기는 주제에 대한 전시물과 프로그램을 개발하기도 한다. 페르미연구소에서 온 과학자는 과학센터에 입자물리학에 관련된 전시물을 만드는가 하면, 프랑스 사회과학자는 새로운 기술의 사회적 영향을 설명함으로써 과학센터에 도움을 주기도 한다.

이러한 모든 것들이 다 유용하지만, 새로운 과학센터들이 이 모든 것을 따라해야 하는 것은 아니다. 마찬가지로 관련 전문가 집단 역시 과학센터가 어떠해야 하는지 정확한 규정을 내리지 않는다. 예를 들어, ASTC는 회원기관의 조건으로 비영리단체이며 최소한의 규모를 갖추는 것 이외에 다음과 같은 것을 요구한다.

- 스스로를 과학센터 또는 과학박물관으로 규정할 것
- 대중의 과학에 대한 이해 증대를 주된 미션으로 할 것
- 과학과 기술의 대중적 이해를 향상시키기 위한 활동에 전념할 것
- 물리, 자연과학, 수학, 기술 등과 같은 광범위한 과학 분야와 주제들을 다루는 전시물, 프로그램, 활동을 제공할 것

- 한 명 이상의 직원이 상주하는 물리적 공간을 운영하고, 적어도 연간 1,800시간[1], 주당 6일 이상 대중에게 공개할 것
- 과학 학습을 경험할 수 있는 다양한 전달 기술을 활용할 것(실험적이고 만질 수 있고, 움직이는 전시물, 관람객이 참여하는 프로그램, 체험활동, 탐구 기반 학습 등 포함)
- 비형식 학습 방법의 적극적인 활용
- 지역사회의 과학교육 수요를 위한 자료 제공

ASTC와 많은 소속 회원기관들의 우선순위는 전통적으로 과학 분야에서 지위가 미약한 때로는 박물관과 과학센터에서 소외되어 온 다양한 청중들을 끌어들이는 것이다.

새로 생기는 과학센터들은 지역에서 가능한 범위 내에 자신의 목적, 방법, 관람객, 그리고 콘텐츠를 정의해야만 한다. 과학센터 기획자들은 자원을 조사하고 지역의 요구를 고려하며 과학센터가 무엇을 해야 하는지에 대해 지지자들과 협의해야 한다. 새로운 과학센터의 가치를 명확히 하는 방법은 간결하게 정의된 미션 언명(Statement of Mission)을 명문화하는 것이다. 미션[2]을 명문화하는 데는 시간이 걸리고, 또 그것이 당연한데, 이는 미션에 나타난 용어와 의미가 과학센터를 기획하는 과정에서 기획자들이 취할 행동을 정의해 주기 때문이다.

---

1) 하루 8시간씩 개관하는 것으로 하면 225일에 해당
2) Mission : 원래는 '선교 파견'을 뜻하는 말이었으나 차츰 '중요한 임무'로 의미가 확장

미션 언명

미션은 단순히 형식적인 것이 아니다. 건립 중인 과학센터의 이사회와 직원들은 제공되는 후원을 수용할지의 여부에 대한 지침이 필요하며, 이러한 후원은 장비 또는 비용이 많이 드는 건물의 수리 등을 위해 활용될 수 있다. 어떤 전시물을 제작할지, 어떤 프로그램을 먼저 시행할 지를 전략적으로 결정하는 기준 또한 필요하다. 지역사회 홍보를 위해 텔레비전 쇼를 제작할 것인지, 방과 후 클럽을 운영해야 할 것인지 등의 문제는 과학센터가 스스로 정립한 자신의 목적, 가치, 방법 등에 의거하여 무엇을 이루고 싶은지에 따라 결정된다. 최종적으로 자신들의 발전을 측정할 척도 또한 필요하다.

미션을 정의하는 데에는 많은 방법이 있다. 전략적 기획에 대한 경영학회의 많은 참고문헌이 있는데, 이는 기관의 미션, 특성 그리고 조직의 경쟁적 우월성을 정의하는 것으로부터 시작된다. 일반적으로 영리, 비영리 조직을 막론하고 모든 단체들은 목적을 유지하고 조직을 이끌어가는 주요한 가치에 초점을 맞춰야 할 필요가 있다. 목적 특히 전략은 시간이 지나면서 변하기 마련이다.

과학센터를 처음부터 시작하는 경우 미션을 정의하는데 몇 년이 걸릴 수도 있다. 다양한 수단이 연구되고 많은 선택들이 제거되는 가운데 수년이 걸리기도 하는 점진적인 과정이다. 과학센터가 자리 잡기 위해서는 모든 일이 끝날 때까지 인내와 고집 그리고 불확실한 것들에 대한 관용이 요구된다. 그때까지는 기관이나 지역사회의 성장을 반영하여 미션을 여러 번 재조정하는 시간이 될 것이다.

- **익스플로러토리움**, 샌프란시스코, 캘리포니아, 미국

  익스플로러토리움의 미션은, 사람들로 하여금 자신을 둘러싼 세상에 대한 호기심을 기를 수 있도록 도와주는 혁신적 환경과 프로그램, 도구를 통해 학습 문화를 만들어 내는 것이다.

- **과학박물관**, 보스턴, 매사추세츠, 미국

  보스턴 과학박물관의 미션은, 과학과 기술에 대한 이해와 과학과 기술이 개인 및 사회에 미치는 중요성에 대한 관심을 자극하는 것이다.

- **국립과학박물관, 방콕, 태국**

  국립과학박물관 조직의 일원인 과학박물관은, 과학기술에 대한 대중의 이해를 증진시키고, 국가발전을 지원하고 유지하는 과학기술 발전에 직접 참여할 수 있도록 격려하는 것이다.

- **세인트루이스 과학센터, 미주리, 미국**

  지역사회의 과학과 기술에 대한 관심과 이해를 증진시킨다.

- **과학센터, 이타카, 뉴욕, 미국**

  모든 연령과 배경의 사람들이 상호작용을 통해 학습을 증진시키는 전시물과 프로그램을 통해 과학의 즐거움을 발견하도록 한다.

- **과학기술발견센터, 서 퍼스, 서부 호주**

  서부 호주인의 과학과 현대 기술에 대한 흥미와 참여를 증진시킨다.

- **사이언스월드, 밴쿠버, 브리티쉬 컬럼비아, 캐나다**

  사이언스월드는 호기심과 창의성을 기리고, 예술 및 과학 그리고 기술에 대한 탐구활동을 장려하여 학습의 감동을 주는 역동적인 비영리적 지역사회 자원이다.

- **쿠웨이트 과학센터**

  쿠웨이트의 과학과 문화유산의 향상에 기여하고, 아라비안 걸프만 지역의 야생과 생태계에 대한 관심과 지식을 늘리고 이들을 보호하는 것에 대한 대중의 책임감을 증가시키는 것이다.

- **싱가포르 과학센터, 싱가포르**

  상상이 풍부하고 즐거운 체험을 통해 과학과 기술에 대한 흥미와 학습, 창의성을 증진시키고 과학기술 분야의 인적자원 개발에 기여한다.

  (본 미션들은 2002년 여름에 홈페이지에서 인용한 것임)

자원의 결집

구체적인 주제가 무엇이든 과학센터는 그들의 일반적인 목적을 달성하기 위해 다양한 자산들을 배치할 필요가 있다. 전시물과 프로그램들로 가득한 사용자 친화적 건물은 잘 유지되고, 보험에 가입되어 있고, 깨끗하며, 주말과 연휴기간에도 열려 있어야 한다. 또한 운영관리, 관람객 응대, 새로운 전시기획을 위한 숙련된 직원도 필요하다. 정책을 검토하고 장기적인 행정적, 재정적 지원을 얻어낼 수 있는 유능한 이사들도 필요하다. 그리고 과학센터에 와서 스스로 즐기며, 과학에 접근하고, 편안함을 느끼며, 경험하는 등 무언가를 얻어가는 관람객도 필요하다.

이러한 것들 중 어느 하나라도 제대로 갖추고 시작하는 과학센터는 없다. 사람들은 과학센터가 지역사회에 가져올 수 있는 가치를 인식하면서 시작하고, 같은 생각을 가진 사람들을 찾아 나선다. 그들이 취하게 될 경로는 다를 수 있지만, 궁극적으로 이들에게는 과학, 교육, 정치, 지역사회라는 커다란 네 가지 영역의 자원이 필요하다. 이들 중 어느 하나라도 바탕이 없으면 과학센터는 성공할 수 없을 것이다. 위 네 가지 영역의 사람들은 과학센터에 힘을 부여하고 필요한 물질적 지원을 이끌어 낼 수 있다. 관람객의 관심을 끌기 위해, 과학센터는 전시 가치가 있는 현상과 조사 가치가 있는 아이디어들을 표현해야 한다. 과학센터는 전문가들이 느낄 수 있는 과학의 흥미로움을 균형 잡히고 정확한 방식으로 전달할 필요가 있다. 이러한 수준 높은 전시는 과학을 잘 이해하고 과학의 경이로움을 나눌 줄 아는 사람들의 활발한 참여로만 가능할 것이다. 현상을 실체로 만들거나 추상적인 개념을 쉬운 말로 해석하는 기술이 없다면 관람객은 아무 것도 얻을 수 없게 된다. 또한 기획 단계에서 관람객의 지적 요구에 민감하고 대중과의 소통에 능숙한 교육자도 필요하다.

대부분의 과학센터는 시작할 때 자원봉사자와 사적·공적 재정 지원에 의지한다. 이 두 가지가 적절히 지원되는 것을 확실히 하기 위해 과학센터 기획자는 지역의 의사결정자들로부터 정치적 지원을 끌어낼 필요가 있다. 때때로 이러한 지원은 어느 정도 대중적 인지도를 이끌어내는 프로젝트(예를 들어, 시범 전시 또는 외부 연구 프로그램 등)를 수행한 후에야 가능할 때도 있다. 그렇더라도 기획자는 시작 단계부터 지역사회 단체를 당연히 포함하여 관람객을 모으고, 후에 과학센터가 개관했을 때 관람객들이 어떤 반응을 보일지에 대한 의견을 구해야 한다.

과학센터를 설립하기 위한 초기 작업 중의 하나는 과학, 교육, 정치, 그리고 지역사회에서 도움을 줄 수 있는 단체, 회사, 개인과 관계를 맺는 일이다. 이들과의 대화를 통해 기획자는 센터를 건립하기 위한 자원을 확인할 수 있다. 기획자는 인근의 박물관, 과학센터 혹은 다른 종류의 문화시설들을 포함시키는 것을 잊어서는 안 된다. 이러한 기관들은 이미 정치적, 지역적 지원을 누리고 있으며, 이들의 동의 여부가 성공적인 과학센터 건립에 중요한 요인이 될 수 있다.

새로운 과학센터는 각 요소들이 특별한 순서 없이 자리 잡아가며 천천히 성장하게 된다. 그 기간은 몇 년에서부터 십 년 넘게 걸릴 수도 있다. 비록 새로 개관한 센터들 중 몇몇이 첫 해를 지내면서 스스로에 대한 정의를 전혀 새롭게 해야 하는 경우가 있긴 했지만 지금까지 완전히 실패한 사례는 거의 없었다.

과학센터를 개관하려는 사람은 매우 열심히 일을 해야 한다. 광범위한 기술을 습득해야 하고, 생각해왔던 것 이상의 다양한 문제와 직면하게 될 것이다. 과학센터를 건립하려 할 때 해결해야 할 가장 어려운 문제 중 하나는 아마 규모에 대한 문제일 것이다. 얼마만한 크기여야 할까? 어느 정도의 규모여야 지역사회의 자원을 지원받고 경제가 어려운 시기에도 지속적으로 유지해 나갈 수 있을까?

사업주의 노력과 운에 크게 좌우되기 때문에 이 질문에 대한 절대적인 답은 없지만, 자신이 계획하는 과학센터를 기존 지역사회의 과학센터 및 유사한 다른 기관과 비교해보면 어느 정도 도움을 받을 수 있을 것이다. 주어진 규모의 과학센터에 얼마나 많은 연간 관람객을 기대할 수 있을까? 이들을 돌보기 위해 몇 명의 직원이 필요한가? 운영비는 어느 정도나 필요한가? 해당 자금을 어디서 충당할 것인가?

후속 장에서 논의하겠지만, 이 모든 질문들을 설립 기간 내내 고려해야만 적당한 규모의 과학센터를 세울 수 있고, 미션을 완수하는 과학센터로 자리매김하게 될 것이다.

주(註)

1. 바바라 플래그(Barbara Flagg)는 미국 성인들은 기본적으로 지역 텔레비전 뉴스쇼에서, 두 번째로는 인터넷에서 과학 뉴스를 얻는다는 것을 밝혀냈다. 또한 부모들은 자녀의 학교 과제에 참여하며, 역시 자녀의 과학센터 프로젝트에도 참여하는 것도 발견했다. Babara Flagg, "Feasibility and Viability of Science Media Review Concept"(Washington, D.C.: National Science Foundation Award, N. 00-03893, 2001)을 참조하라.

2. 미국 국가연구위원회(The National Research Council's Committee)의 과학학습 발전분과(Development in the Science of Learning)의 보고에 의하면, 학생들이 보내는 시간 중 14%만이 학교에서 보내는 시간이라고 한다. John D. Bransford, Ann L. Brown, and Rodney R. Cocking, *How People Learn: Brain, Mind, Experience, and School*, eds.(Washington, D.C.: National Academy Press, 1999)의 6 장(119-142 쪽)을 참조하라.

3. Valerie Crane, Heather Nicholson, Milton Chen, and Stephen Bitgood,

Informal Science Learning (Dedham, Mass.: Research Communications Ltd., 1994)와, Thomas S. Ewing, "Voyages of the Mind, Informal Learning" in the January 1999 issue of *Synergy*, a publication of the National Science Foundation's Directorate for Education and Human Resources(www.ehr.nsf.gov/rec/pubs/new SYN/start.htm/)을 참고하라.

4. "Science and Technology: Public Attitudes and Public Understanding." in *Science and Engineering Indicators 2002* (Washington, D.C.: National Science Foundation)의 7장 "Public Interest in and Knowledge of Science & Technology."을 참고하라.

5. 영국의 경우, 과학기술국과 웰컴트러스트의 연합 보고서인 'A Review of Science Communication and Public Attitudes to Science in Britain' (London: October 2000)에 의하면, 영국인의 22%가 새로운 과학적 발견에 매우 흥미를 가지며, 59%가 일상생활에서 과학에 대해 아는 것이 매우 중요하다고 믿고 있다.

6. 미국 교육부의 교육연구 및 개선국 국가교육통계센터의 제3차 국제 수학 및 과학 연구의 동향(TIMSS-R)에서 발췌(December 2000). http://nces.ed.gov/timss/timss-r.

7. Jon Miller, Civic Scientific Literacy: A Necessity in the 21st Century, *The Journal of the Federation of American Scientists*, Vol. 55, No.1 (January/February 2002).
여기서 밀러는 "넓게 말해서, 시민의 과학적 소양이란 분자, DNA, 태양계의 구조, 과학탐구의 본성과 과정의 이해, 규정에 따른 정보 소비의 형태 등과 같이 시민에게 요구되는 기본적인 과학의 개념과 구성에 대한 이해를 표현할 수 있는 것"이라고 말하였다.

8. Shirley Malcom, "Who Will Do Science in the Next Century?", National Science Foundation(2000);

   www.nsf.gov/sbe/srs/nsf00327/start.htm을 참조하라.

   이 보고서에 의하면, 1982년의 조사와 비교해서, 여성과 유색인종의 자연과학과 공학 분야의 학위 취득과 고용 비율이 상대적으로 낮으며, 여성의 시간제 고용 비율이 높고, 여성과 유색인종의 급료는 낮으며, 여성의 교수 채용율이 낮은 것으로 나타났다.

9. "Europeans, Science, and Technology." *European Commission Euro barometer* 55.2(December 2001).

   http://europa.eu.int/comm/research

   이 보고서에 따르면, 과학과 사회 사이에는 실제적인 간격이 존재한다. 설문 조사 참여자의 2/3가 그들이 흥미를 가진 주제의 43.5%에 해당하는 과학과 기술에 대해 정보를 얻지 못했다고 응답했다. 시민들은 과학적 과정으로부터 좀 더 많은 것을 기대하고 있으며, 정책 결정에 전문가의 좀 더 많은 조언을 원하고 있었다.

10. 미국에서는 과학발전을 위한 미국과학진흥회(American Association for the Advancement of Science; AAAS)의 지원을 받은 '프로젝트 2061'을 포함한 중요한 혁신 노력이 있었다. 과학교사협회(National Science Teachers Association; NSTA) 지원을 받은 국립과학아카데미의 국가 과학교육 기준과 과학교육과정 개혁이 있었다. 이들 세 기관은 모두 와싱턴 D.C.에 있다.

11. Iris R. Weiss, Eric R. Banilower, Kelly C. McMahon, and P. Sean Smith, *Report of the 2000 National Survey of Science and Mathematics*

Education (December 2001)을 참조하라.
http://2000survey.horizon-research.com/reports/status.php.

12. Roger Johnson and David Johnson, "Cooperative Learning and the Achievement and Socialization Crises in Science and Mathematics Classrooms," in *Students and Science Learning*, eds. Audrey Champagne and Leslie Hornig(Washington, D.C: American Association for the Advancement of Science, 1987)을 참조하라.

13. Philip Morrison과 Phylis Morrison, "…그러나 TV로는 충분치 않다." *The AAAS Observer* (3 November 1989). 또한 David Hawkins, "Critical Barriers to Science Learning," *Outlook*, Vol, 29 (1978): 3-23; www.astc.org/resource/educator/critibar.htm; 과 Matthew H. Schneps와 Philip M. Sadler. "A Private Universe," 워크숍 안내책자와 비디오(Cambridge, Mass.: Harvard-Smithsonian Center for Astrophysics, Department of Science Education, 1985)를 참고하라.

14. "의미 만들기"에 대해서는 George E. Hein, *Learning in the Museum* (New York: Routledge, 1998)과 Leona Schauble, Gaea Leinhardt, 그리고 Laura Martin의 "A Framework for Organizing a Cumulative Research Agenda in Informal Learning Contexts," *Journal of Museum Education*, Vol. 22, No. 2/3 (1997): 3-8쪽을 참고하라. 탐구학습에 대한 논의를 위해서는, Eleanor Duckworth, *The Having of Wonderful Ideas & Other Essays on Teaching and Learning* (New York: Teacher's College, 1987)와 Joan Solomon의 *Teaching Children in the Laboratory* (London: Croom Helm. 1980)를 참고하라.

15. 탐구기술 평가에 대해서는 *National Science Education Standards*,

National Academy of Sciences를 참고하라. 표준의 개요는 www.nas.edu.에서 확인할 수 있다.

16. Alan Friedman, "They're Having Fun... but Are They Learning Anything?" *Parents League Review* 1998. Parents League of New York. (24쪽)

17. Judy Diamond, Mark St. John. Beth Cleary, and Darlene Librero, "The Exploratorium's Explainer Program: The Long Term Impacts on Teenagers of Teaching Science to the Public," *Science Education*, Vol. 71, No. 5 (1987).

18. *From Enrichment to Employment: The YouthAUVE! Experience* (Washington, D.C.: ASTC, 2001).

19. John Stevenson, "The Long-Term Impact of Interactive Exhibits," *International Journal of Science Education*, Vol. 13. No. 5 (1991): 521-531. 또한 Paulette McManus, "Memories as Indicators of the Impact of Museum Visits," *Museum Management and Curatorship*, Vol. 12 (1993): 367-380, 그리고 John H. Falk and Lynn D. Dierking, *Learning from Museums: Visitor Experiences and the Making of Meaning* (Walnut Creek, Calif.: AltaMira Press, 2000)을 참고하라.

20. Mihaly Csikszentmihalhy and Kim Hermanson, "Intrinsic Motivation in Museums: What Does One Want to Learn?" in *Public Institutions for Personal Learning: Establishing a Research Agenda*, eds. John H. Falk and Lynn D. Dierking(Washington, D.C.: American Association of Museums, 1995): 67-77. John D. Bransford, Ann. L. Brown, and Rodney R. Cocking, eds., *How People Learn: Brain, Mind, Experience,*

and School, a report from the National Research Council's Committee on Developments in the Science of Learning(Washington, D.C.: National Academy Press, 1999). Eugene Matusov and Barbara Rogoff, "Evidence of Development from People's Participation in Communities of Learners," in *Public Institutions for Personal Learning*: 97-104.

견 해

왜 "대중의 과학이해"에 대한 연구는 관람객의 소리를 경청해야 하는가?

••• 브루스 르웬슈타인(Bruce V. Lewenstein)

과학관 종사자가 아닌 일반적인 대중의 과학이해(Public Understanding of Science) 분야의 과학 집필가, 교사, 그리고 연구자의 입장에서 과학관 교육에 대해 논의하였다. 과학관 관련 사람들과 마찬가지로 우리도 대중의 과학이해에 대해 동일한 우려를 느꼈으며 여러 동일한 문제에 직면하였다.

- 우리의 논제는 현대 문화의 기본적인 구성요소이다.
- 우리가 다루는 주제의 세부 내용은 종종 복잡하고 전문용어들로 가득 차 있으며, 그리고 (겉으로 보기에는) 한정된 전문가 집단을 벗어나서는 거의 즉각적인 관심을 끌기 어려운 점이 있다.
- 우리(여기에서의 "우리"가 누구를 의미하건)는 종종 우리의 주제에 관해 흥미를 보이고 매료되지만, 여러 연구들은 대중들(이 용어도 차후에 정의되겠지만)은 우리가 온전한 삶을 사는데 필요하다고 믿는 지식들이 부족하다는 것을 보여준다.
- 우리의 주제가 계속 발전하기 위해서는 젊은 사람들이 이 분야를 지지할 수 있도록 격려하고 관련 분야에 취업할 수 있도록 해줘야만 한다.

* 우리의 주제로 의사소통하려는 시도는 종종 위에서 기술한 관심사에 의해 진행되어야 하며, 우리는 항상 메시지를 전달할 수 있는 "더 나은" 방법을 찾아야 한다.

위의 일반적인 사실들을 당신이 좋아하는 과학관의 주제 – 과학, 미술, 자연, 역사 등 – 에 비추어 보면 아마도 이들이 당신의 관심사에 꼭 들어맞고 있음을 발견하게 될 것이다.

이 글에서 필자는 대중의 과학이해 활동의 실태에 대해 논의할 것인데, 이는 위에서 언급한 사항들의 재구성을 통해 우리의 활동을 개념화 시킬 수 있는 보다 좋은 방법을 찾을 수 있는지에 특별히 관심을 두고 이루어질 것이다. 이러한 재구성 과정은 우리의 주제가 무엇이든 대중의 과학 이해 업무에 종사하는 우리 모두에게 적용할 필요가 있다.

대중의 과학 이해

대중의 과학 이해 활동은 중세 시대 때부터 시작되었지만, 우리가 현재 이해하는 대중의 과학 이해 활동은 자연철학이 세분화된 영역으로 발전하여 특히 이들만을 이해하기 위해 모든 시간을 몰입해야 하는 전문적인 영역으로 진화한 17세기 과학혁명 이후에 발전되었다. "과학자"라는 용어가 처음 사용된 19세기 중반에 와서는 물리학, 화학, 생물학, 천문학, 지질학 등의 분야가 전문화되었고, 이 분야의 지식들은 이 분야 전문가가 아닌 사람들한테는 더 이상 쉽게 습득할 수 없는 대상이 되었다.

　이에 따라 대중화(Popularization)라고 불리는 새로운 형태의 활동이 나타났다. 19세기에는 최소한 서로 다른 네 개의 대중화 흐름이 개발되었다. 첫째, 우수한 과학자들이 종종 과학에 대한 철학적 논쟁과 세상에 대한 과학적 관심을 불러일으킬 수 있는 글을 명확하면서도 설득력 있게 저술하였다. 둘째, 산업혁명 이후 드러난 대중들의 과학에 대한 지식 부족은 기계연구소(Mechanics' Institutes)와 잡지, 그리고 다른 미디어들의 탄생을 이끌어서 지식이 부족한 사람들에게 과학 기반 세계의 수단과 관념을 반복하여 가르치게 되었다. 셋째, 19세기 전반에 걸쳐 대중 앞에서의 시연과 순회강연을 통해 사람들의 교육과 즐거움에 대한 요구를 충족시켜 주기 시작했다. 넷째, 현대적 형태의 과학센터가 등장하여 연구 자료를 수집하고 호기심 상자(Cabinets of Curiosity)를 대중에게 보여주기 시작했다.

　20세기에는 새로운 형태의 대중화 방법이 나타났다. 과학단체와 자원봉사 단체들이 나타나서 특정 질병에 관한 정보를 대중들에게 전달하기 시작했다. 제1차 세계대전이 끝난 이후 언론인들이 과학에 전문적인 관심을 보이기 시작했다. 1930년대에는 새로운 과학 체험(Experience Science) 박물관(오늘날의 상호작용 과학센터의 시초이기도 한)이 생겨나기 시작하였다. 1950년대와 1960년대에는 환경운동이 나타났다.

　마지막으로, 1970년대 후반 그리고 1980년대 후반, 특히 제2차 세계대전 종료 후와 스푸트니크호(Sputnik) 발사 후에 정부와 교육단체들이 과학교육 및 과학소양에 대해 주기적으로 재논의 하였다.

실질적으로 이러한 과학 대중화의 역사적 맥락들은 과학의 이로움을 대중들에게 알리고, 이들의 관심을 끌어오는 과정이었다. 결국 "대중의 과학이해"는 과학이 사회에 제공해주는 혜택을 대중들이 이해하는 것을 의미해왔다.[1]

전통적인 사고방식

대중의 과학 이해에 대해 관심을 가진 대부분의 사람들은 대중의 과학에 대한 충분치 못한 이해를 문제점으로 여겨왔다.[2] 특히 이들은 대중의 과학에 대한 정보 및 지식 부족에 주목해 왔다. 그들의 과학 대중화에 대한 노력은, "아마도" 과학에 대한 열의는 가득하지만, 잘 모르거나 잘못 알고 있는 대중들에게, "아마도" 옳다고 생각되는 출처에서의 정보의 흐름을 개선시킴으로써 문제를 인식하려는 시도로 정당화 되었다.

예를 들어, 이번 세기 대부분 동안 과학자들은 대중 이해의 문제점이 점증하고 있다고 반복적으로 지적해왔다. 그들은 현대사회는 과학과 기술에 대한 지식을 요구하나 사람들이 무엇을 알아야 하는지 모르는 것 같다고 주장하였다. 이러한 주장은 1910년대 중반, 1940년대 중반, 1950년대 후반, 1970년대 후반에 제기 되었으며 오늘날에도 역시 마찬가지이다.[3]

이 문제를 해결하기 위한 새로운 시도(잡지, 순회강연, 연구기관 등)는 대중들에게 보다 많은 양질의 정보를 제공하는데 초점을 두었다. 예를 들어, 1950년대에는 이러한 문제점에 대한 해결 방안으로 과학저술가들이 모여서 "대중 매체에 의한 과학 정보의 양과 질 향상"을 미션으로 하는 과학적 글쓰기 향상을 위한 위원회를 1960년에 설립하였다.

또한 이번 세기에는 더 많은 과학 정보를 원하는 대중들의 요구에 부응하여 많은 사람들이 훌륭한 과학박물관과 과학센터들을 건립하였다. 그들은 자신들 노력의 일부를 과학교육이나 전시물에 쏟아붓기로 결정한 경험이 풍부한 과학자이거나(예를 들어, 익스플로러토리움을 설립한 프랭크 오펜하이머) 혹은 과학박물관과 상호작용 과학센터를 과학의 대중화 수단으로 생각했던 교육자들(예를 들어, 시카고 과학산업박물관(Chicago Museum of Science and Industry)의 첫 번째 관장이자 뉴욕타임스의 과학 분야 편집장이었던 발데마르 캠퍼트(Waldemar Kaemppfert)이다.[5]

1950년대 초반, 대중들의 과학에 대한 태도를 조사한 일련의 연구들은 대중들이 과학에 대해 더 많은 정보를 "요구"하고 있음을 보여주었다. 그리고 1970년대 이후로 국립과학재단(National Science Foundation)의 후원을 받아 격년으로 치러진 대중들의 과학지식에 관한 설문 조사는 자주 통계에 인용되는 매우 소중한 자료들을 양산했는데, 미국인의 단지 20%만이 과학에 관심을 두고 있고, 단지 5%만이 "과학적으로 소양이 있는" 것으로 여겨진다는 것이었다.[6]

이러한 여론 조사들은 지식의 부족함을 우선 확인함으로써 문제를 풀어간다는 논리, 즉 대중의 이해에 대한 "결핍(Deficit)" 모델이라 불리는 논리를 남겼다.[7] 정보와 지식이 실험실에서 대중에게 흘러간다고 가정하는 소통의 선형 모형에 근거한 결핍 모델은 과학 소통의 향상에 있어 "마법의 탄환(Magic Bullet)" 접근법을 이끌어 냈다.

이러한 접근법은 가독성, 단순화, 정확도와 같은 사안에 초점을 맞추고 있었다. 이러한 문제점들이 해결되고 나서야 대중들은 과학에 관해 배울 수 있게 된다는 것이다.

과학관 교육자와의 논의로부터 같은 논리가 대부분의 과학관 교육 상황에 직접 적용될 수 있으리라는 느낌을 갖는다. 문제는 대중들이 주제에 대해 충분히 알지 못한다는 것이며, 따라서 우리의 노력을 대중의 지식을 증진하는데 초점을 맞춰야 한다.

"이해"에 대한 새로운 이해

분명하게, 결핍 모델에 의한 접근법은 우리가 대중 매체의 이야기, 과학관 표지, 교육 영화 등을 만들 때 우리의 주의를 소통기법에 초점을 둘 것과 언어와 기술적 세부묘사를 고려할 것을 권한다. 하지만 과학의 역사 및 과학사회학의 최근 연구는 결핍 모델에 커다란 결함이 있음을 보여주기도 하였는데, 이 모델이 과학을 어떤 기반 위에 올리기는 했지만 대중이 가진 지식을 인지하는데 실패했다는 것이다. 결핍 이론에 대한 비판은 크게 두 가지로 구성되어 있다. 첫 째는 사고의 전통적 방법 뒤에 있는 제도적 권위를 지적하는 것이고, 두 번째는 관람객의 입장에서 제시되는 논점을 재정의 하는 것이다.

제도적 권위

우리가 과학을 일반적이고 객관적이라고 생각하지만 최근의 많은 연구들은 제도적 요소들이 과학의 진로에 종종 영향을 미친다는 것을 보여준다. 적어도 몇몇 분석가들에 의하면 재정 지원, 기관의 목적, 정치적 논쟁 등은 과학이 이뤄놓은 것들뿐만 아니라 그 결과물에까지 영향을 미친다.[8] 과학 저널리즘과 대중의 과학 이해의 다른 영역의 연구들은 이제 막 과학 대중화 활동이 전통적인 과학의 모델을 어떻게 유지하게 했는지 파악하기 시작했는데 이는 확실히 더 연구되어야 할 분야이다.[9]

또한 우리는 이러한 제도적 영향들이 과학관 교육에 얼마나 영향을 주는지도 알지 못한다. 샤론 맥도날드(Sharon Macdonald)와 로저 실버스톤(Roger Silverstone)은 박물관 안에 존재하는 다양한 제도적 요소들이 런던과학박물관(Science Museum London)이 음식에 관한 주요 전시에서 식품의 안전에 관한 우려를 경시하게끔 만들었는지를 보여주었다. 그러나 그들은 이러한 식품안정성 논쟁에 대한 제한적 관심이 단순히 식품 업체에 의한 전시 후원 때문이라고 주장하지는 않을 만큼 주의 깊었다.[10] 제도적 압력이 어떻게 과학센터의 전시에 영향을 미치는지에 대한 자세한 내용은 여전히 더 연구되어야 한다.

관람객의 역할

결핍 모델에 대한 두 번째 비판은 (궁극적으로는 더 중요한) 바로 관람객들이 과학 이야기나 전시물에 대해 어떻게 스스로 의미를 만들어내는지 거의 알지 못한다는 사실이다. 문제점들에 대한 전통적인 초점은 대중매체에서 어떻게 과학 이야기들이 형성되고 만들어지는지에 대한 많은 지식을 이끌어냈지만,[11] 관람객에 대해서는 더욱 모호하게 남겨뒀다. 우리는 대중이 어떻게 자신들의 과학정보를 기존의 믿음과 지식들과 조화시켜 나가는지 알지 못한다.[12]

과학박물관에서 이러한 상황은 약간 덜 분명하다. 물론 관람객 연구는 여러 해에 걸친 과학박물관의 주요 결과물이었다. 한 인용 문헌 목록에 따르면 1887년부터 1979년까지 거의 1,400건의 인용문이 기록되어 있다.[13] 그렇지만 몇 년 전까지만 해도 이러한 가치 있는 기본 연구들은 관람객의 수를 세고 성격을 구분하는 것에서 크게 벗어나지 못했다. 오늘날 과학박물관과 다른 종류의 박물관 연구자들은 관람객들이 어떤 의미, 어떤 이해를 가져가는지 연구하기 시작했다.[14] 이러한 새로운 노력의 결과물은 아직 나오지 않았다. 우리는 여전히 초보 관람객과 좀 더 숙련된 관람객들의 경험을 비교하는 연구와, 박물관이 제공하는 정보에서 획득하는 의미들을 비교하는 연구에 대한 우리의 이해를 수집하고 있을 뿐이다.

그럼에도 불구하고 관람객 해석은 대중의 과학 이해에 대한 최근 연구로부터 얻은 중요한 교훈이다.[15] 관람객들은 수동적인 정보수신자가 아니라 자신들의 삶을 통해 가졌던 이해와 경험에 새로운 정보를 추가하여 의미를 부여하는 적극적인 창조자들이다. 예를 들어, 영국 컴브리아 지방의 목장주들은 체르노빌 원자력발전소 사고로 인한 방사능 누출로 기르던 가축들이 오염되었을 때, 어떻게 양들을 시장에 내놓을지에 대한 정부의 의견에 회의적으로 반응하였다.[16] 목장주들은 기술정보가 변할 가능성을 경험상으로 인지하고 있었으며, 더욱 중요한 것은 목장주들이 목장에서 벌어지는 일상적인 현실을 분명하게 알지 못하는 정부의 이야기보다는 자신들의 전문적 지식이 훨씬 심도 있고 타당하다는 것을 알고 있었다는 것이다.

추가 사례 연구들이 이러한 점을 더욱 뒷받침한다. 그 사례가 설령 지역의 독극물 오염에 지역사회가 어떻게 반응하는지, 투자자들이 고온 초전도체의 급속한 발전에 대해 어떻게 이해하고 있는지, 또는 독자들이 할리우드의 가십거리와 머리가 세 개인 아이의 이야기와 같이 과학과 건강이 뒤섞인 타블로이드판 신문기사에 어떻게 반응 하는지에 상관없이, 대중의 과학 이해 문헌으로부터 얻는 교훈은 명확하다. 결핍을 교정하기 위한 정보의 생산으로부터 우리가 제공한 정보들로 관람객들이 무엇을 하는지 이해하는 쪽으로 우리의 관심을 전환해야 한다는 것이다.[17]

이러한 전환의 한 가지 결과는, 우리가 관람객에 대해 더욱 명확한 정의를 내릴 필요가 있다는 것이다. 사실 대중은 하나의 관람객이 아니며 많은 관람객들의 집합체이다. 예를 들어, 대중은 지하수 오염의 세부 내용에 관심이 없을 수도 있다. 그러나 같은 문제로 영향을 받은 지역사회에서는 관람객의 60~80%가, 심지어는 고등학교 교육만 받은 사람일지라도 대학원 수준의 독성학에 관한 질문에 정확히 대답할 수 있을 것이다.[18] 또 다른 예를 들자면, 최근까지도 저자는 관절염에 대해 아주 일반적인 지식만을 가지고 있었다. 그러나 저자가 경증 관절염으로 진단 받았을 때 비스테로이드계 소염제에 대해 많은 것을 바로 알게 되었는데, 이는 많은 관절염 환자들이 나누고 있는 지식이라는 것도 알게 되었다. 후에 우리는 소염제의 효과와 부작용, 가격 등에 대한 정보를 나누게 되었다.

요점은, 관람객들은 종종 자신들과 직접 관련이 있는 주변의 기술적 사안들에 대해 그들의 이해를 스스로 지속적으로 형성하고, 만들어가고, 재구성해 간다는 것이다. 최근 비즈니스 분야에서의 중요한 성과 중 하나인 관람객을 세분화해야 한다는 인식은 대중 이해 분야의 전문가인 우리가 만들어내는 자료들을 개인과 개인의 그룹이 어떻게 이해하는지에 대한 통찰력을 얻기 위해 우리에게도 필요하다.

누구의 이해인가?

대중의 관점으로 전환하는 데는 한 가지 위험요소가 있다. 만약 우리가 대중(대중이 누구를 의미하든)들로 하여금 우리를 위해 우리가 무엇을 이야기하고 어떻게 이야기할 지를 정의하게 한다면, 이는 대중의 이해에 대해 전문지식을 활용해야하는 우리의 책임을 저버리는 것일까? 즉, 만약 우리가 과학이 중요하다고 믿고(과학이 대학의 실험실에서 이뤄지는 기초 연구를 의미한다면) UFO, 암 치료법, 오래된 DNA로부터 공룡을 되살려내는 데 대한 대중의 관심을 우리가 어떻게 과학관 전시에 접목해야 하는지를 대중에게 정하라고 한다면 잘못된 것일까?(물론, 같은 질문이 예술, 지역역사 또는 다른 박물관 주제에 대해서도 제기될 수 있다).

이 글은 우리의 주제에 대한 관람객의 관점을 받아들임으로 인한 영향을 논의하자는 취지가 아니다. 하지만 나는 상류 문화층의 오만함과 새로운 것을 쉽게 믿는 새로운 세대 사이에 중간 지역이 있다고 믿는다. 관람객이 전시물 표현 방법에 대해 우리를 돕도록 하여야만 한다. 그렇지만 한편으로는 주제와 자료를 관람객뿐만이 아닌 우리가 선택해야 한다. 따라서 관람객 위주의 전시물 표현은 우리가 가져오는 자료들에 의해 제한되기도 한다. 우리의 목표는 우리가 이해하고 허락하는 "진실"의 한계 안에서 흥미롭고, 참여시키며, 교육적인 전시를 만들어야 한다는 것이다.

다음은 무엇인가?

대중의 과학 이해에 대한 최근의 작업들은 연구, 정치적, 실용적 의제들로 연결된다. 이러한 의제들이 과학과 기술의 대중 소통에 있어 모든 활동들을 다루지만(신문, 텔레비전, 박물관, 사회단체) 과학관이 과학을 넘어선 교차 분야를 표현할 가능성이 있다고 생각된다.

연구 의제

분명히, 우리는 관람객에 대해 더 많이 알아야 할 필요가 있다. 이는 단지 그들이 누구이고 얼마나 자주 과학에 관한 글을 읽고 과학센터에 오는지, 그리고 누구와 과학에 관해 이야기하고 센터에 오는지 뿐 아니라, 왜 과학에 관한 글을 읽고 센터에 오며, 우리로부터 얻는 정보로 무엇을 하는지를 알아야 함을 의미한다. 물론, 우리는 과학센터를 찾지 않는 사람, 왔다가 금방 떠나는 사람, 우리가 제공하는 것들에 지루해하거나 실망하는 사람들에 대해서도 알아야 한다. 또한 우리가 제공하는 정보 및 이미지와, 잠재적 독자와 관람객들이 가지고 있는 정보 및 이미지 사이의 관계에 대해서도 이해해야 한다. 이러한 질문들을 하는 것은 우리가 단순히 독자나 관람객의 수를 세는 것을 넘어서서 대중의 과학 소통 연구 및 과학센터 연구의 동향을 지속적으로 파악해야 함을 요구한다는 의미이다. 우리는 마치 주위 사람들을 추적하고 그들이 세상으로부터 의미를 어떻게 이해하는지를 발견하는 인류학자처럼 행동하는 특성을 지속적으로 증가시켜야 할 필요가 있다.

이 연구 프로그램의 한 가지 결론은, 아마 우리가 과학(혹은 우리가 흥미를 느끼는 주제)을 어떻게 정의하느냐 하는 것을 다시 고려해 보아야 한다는 것일 것이다. 결핍 모형은 특정한, 학구적인, 과학의 지식 기반 정의에 기초하고 있다. 그러나 대중의 과학화는 좀 더 불규칙하게 퍼져 있으며, 그 경계가 고정되어 있지 않다. 여기에서 우리가 의도하는 우리 자신의 미션을 잃지 않으면서 대중에게 과학이 어떤 의미를 가지는지를 관심을 가지고 배우고 연구해야 한다. 이 말은 "대중의 이해"라는 용어가 들어가는 어떤 주제에 대해서도 마찬가지이다.

정치적 의제

만일 우리가 관람객들로 하여금 대중의 이해에 대한 방법을 결정짓도록 허용하려면, 관람객들이 우리의 활동을 관리하도록 해야 할 것이다. 요샛말로 하면 관람객에게 권한을 부여해야 한다는 것이다. 이는 과학자, 저널리스트, 예술가, 박물관 큐레이터, 그리고 전통적으로 자신들을 지식의 저장고이자 문화 지킴이로 여기는 사람들에게는 두려운 일이다. 권위를 관람객에게 넘긴다는 것은 우리 스스로를 문화보호자로 정의한 역할에 정반대가 된다.

  그래도 우리는 힘과 권위를 포기하는 것을 배워야 한다. 이는 내가 정치적 의제라는 용어를 제안하는 이유이다. 이는 우리가 반드시 일반 대중에게 권위를 주기 원해서가 아니라, 만약 우리가 이런 권위를 포기하지 않으면 우리가 다가가려고 하는 관람객들로부터 더욱 고립될 것이기 때문이다. 내가 어떤 급진적인 현상의 전복을 요구하는 것은 아니다. 대신 삶에 있어 중요한 것이 무엇인지에 대해 서로 다른 정의를 갖고 있는 사람들을 포함하고자 하는 중도적인 요구이다. 미국박물관협회의 우수성과 평등에 관한 보고서의 결론이 이러한 정치적 의제를 획득하는 좋은 출발점으로 여겨진다.[19]

실용적 의제

  앞서 논의한 연구적·정치적 의제는 우리를 몇 가지 실용적 결론으로 인도한다. 신문이나 잡지의 기사, 텔레비전의 드라마, 그리고 과학관의 전시물과 프로그램들은 우리가 중요하다고 생각하는 것이 될 수 없다. 이는 관람객이 무엇을 중요하다고 생각하느냐에 따라 정의되어야 한다. 그렇게 해야만 대중은 문을 열고 우리로 하여금 그들의 이해에 관심을 갖게 하는 아름다움을 보여줄 것이다. 또 다른 중요한 점은, 대중의 이해가 얼마나 개선되었는지가 아니라 그들이 어떻게 관심을 보였느냐에 따라 우리의 성공을 평가해야 한다는 것이다.

이러한 관심은 지식의 특정 수준과 달리 측정하기 어렵기 때문에 평가 기술의 많은 부분에 대해 다시 고려해야 한다.

결론

대중의 과학 이해 운동은 우리의 활동에 대한 관람객의 역할에 대해 많은 것을 이해할 수 있도록 하였다. 그러나 이제 우리는 우리의 활동을 관람객의 역할을 인정하도록 재설정해야 하는 어려움에 직면해 있다. "관람객은 중요하다"고 하면서, 기술적 주제들에 대해 어떻게 분명하고, 직접적이며, 간단하게 설명할 수 있을 것인가에 대해서만 계속 집중할 수는 없다. "대중이 원하는 게 무엇일까?"라고 질문하면서 우리의 노력을 이 방향으로 바꾸어야 한다. 똑같은 교훈이 과학관 교육 분야에도 유용하리라 믿는다.

Journal of Museum Education (Vol. 18(3), Fall 1993. 3-6.)의 허락을 받아 재인쇄 하였음.
모든 저작권은 © Museum Education Roundtable 의 소유임.
브루스 르웬슈타인은 뉴욕 이타카에 있는 Cornell 대학 과학과 기술학과 교수이며, *Public Understanding of Science* 의 편집위원을 역임하고 있다.

주(註)

1. Bruce V. Lewenstein, "Public Communication of Science and Technology: The Historical Goal", Conference on Policies and Publics

for Science and Technology에서 발표된 논문, Science Museum, London, April 1990.

2. Christopher Doman, 'The 'Problem' of Science and the Media: A Few Seminal Texts in Their Context, 1956-1965.' *Journal of Communication Inquiry* 12, no. 2 (1988): 53—70.

3. John Burnham, *How Superstition Won and Science Lost: Popularizing Science and Health in the United States* (New Brunswick, N.J.: Rutgers University Press, 1987); Robert Hazen and James Trefil, *Science Matters: Achieving Scientific Literacy* (New York: Doubleday, 1991); Marcel C. LaFollette, *Making Science Our Own: Public Images of Science*, 1910-1955(Chicago: University of Chicago Press, 1990); Bruce V. Lewenstein, "Was There Really a Popular Science 'Boom'?" *Science, Technology and Human Values* 12. no. 2 (Spring 1987): 29-41; Lewenstein, "The Meaning of 'Public Understanding of Science' in the United States after World War II." *Public Understanding of Science* 1, no.1 (1992): 45-68.

4. Lewenstein, "Meaning of 'Public Understanding,'" p.58.

5. Victor J. Danilov, *Science and Technology Centers* (Cambridge, Mass.: MIT Press, 1982); John Durant, ed., *Museums and the Public Understanding of Science* (London: Science Museum and COPUS, 1992); Hilde Hein, *The Exploratorium: The Museum as Laboratory* (Washington, D.C.: Smithsonian Institution Press, 1990).

6. Jon D. Miller, *The American People and Science Policy: The Role of Public Attitudes in the Policy Process* (New York: Pergamon Press,

1983); Miller, "Scientific Literacy: A Conceptual and Empirical Review," *Daedalus* 112, no. 2 (1983): 29-48; National Science Board, "Public Science Literacy and Attitudes Towards Science and Technology," in *Science and Engineering Indicators* - 1991, ed. National Science Board (Washington, D.C.: U.S. Government Printing Office, 1991), pp. 165-91.

7. John Ziman, "Public Understanding of Science," *Science, Technology Human Values* 16, no. 1 (Winter 1991): 99-105.

8. James Petersen et al., eds.. *Handbook of Science, Technology, and Society* (Newbury Park, Calif.: Sage, 1994).

9. Bruce V. Lewenstein, "Science and the Media," in ibid.

10. Sharon Macdonald and Roger Silverstone. "Science on Display: The Representation of Scientific Controversy in Museum Exhibitions," *Public Understanding of Science* 1, no. 1 (1992): 69-87.

11. Sharon M. Friedman, Sharon Dunwoody, and Carol L. Rogers, eds.. *Scientists and Journalists: Reporting Science as News* (New York: Free Press, 1986); Dorothy Nelkin, *Selling Science: How the Press Covers Science and Technology* (New York: W. H. Freeman, 1987).

12. Marcel C. LaFollette, "Beginning with the Audience," in *When Science Meets the Public*, ed. Bruce V. Lewenstein(Washington. D.C.: American Association for the Advancement of Science, 1992), pp. 33-42.

13. Denis Samson, Bernard Schiele, and Pierre di Campo, eds., *L'eval*

uation museale publics et expositions (Paris: Expo Media, 1989).

14. Durant, Museums and the Public Understanding of Science.

15. 최근 박물관 연구에서도 같은 논의가 있었다. Danielle Rice, "The Cross-Cultural Mediator," Museum News 72, no. 1 (January/February 1993): 38-41.을 참고하라.

16. Brian Wynne. "Sheep Farming after Chernobyl: A Case Study in Communicating Scientific Information," Environment Magazine 31. no. 2 (1989): 10-15, 33-39.

17. Phil Brown and Edwin J. Mikkelsen, No Safe Place: Toxic Waste, Leukemia, and Community Action (Berkeley: University of California Press, 1990); Helga Nowotny, "Scientific Knowledge Transformed: The Hybrid Space of Public Discourse." Public Understanding of Science 2, no. 4 (1993); William A. Evans et al.. "Science in the Prestige and National Tabloid Press," Social Science Quarterly 71, no. 1 (1990): 105-17; Gerald Hinkle and William E. Elliott, "Science Coverage in Three Newspapers and Three Supermarket Tabloids," Journalism Quarterly 66, no. 2 (1989): 353-58.

18. J. Fessenden-Raden, J. Fitchen, and J. Heath, "Providing Risk Information in Communities: Factors Influencing What Is Heard and Accepted," Science, Technology and Human Values 12, nos. 3/4 (1987): 94-101; Clifford W. Scherer and J. Paul Yarbrough, "Media Focus, Personal Dispositions, and Activation of Health Risk Reduction Behavior: A Longitudinal Study," paper presented to conference on Science Communication: Environmental and Health Research,

University of Southern California, Los Angeles, December 1989.

19. American Association of Museums, *Excellence and Equity: Education and the Public Dimension of Museums* (Washington, D.C.: American Association of Museums, 1992).

 견 해

관람객들이 즐거운 시간을 보내고 있지만, 과연 그들은 무언가를 배우고 있는 것일까?

●●● 앨런 프리드먼(Alan J. Friedman)

해마다 일억 명의 사람들이 과학센터를 방문하며, 같은 수의 사람들이 동물원, 식물원, 자연사박물관, 천체관을 방문한다. 이들 방문객 대부분은 학교에 다니는 아이들이 있는 가족 단위 방문객 또는 학생 단체 방문객이다. 비형식 과학교육을 담당하는 이 기관들은 모두 자신들의 미션에 교육을 명시하고 있으며, 실제로 교육이야말로 과학센터를 찾는 교사와 부모들이 가장 많이 언급하는 방문 이유이기도 하다.

그렇지만 만약 당신이 학생단체나 가족과 함께 인기 있는 비형식 과학교육 기관을 방문한다면, 특히 그 날이 사람이 많이 붐비는 날이라면, 당신이 보게 되는 것은 반드시 학습 경험으로 볼 수 있는 것은 아니다. 모든 사람들이 끊임없이 움직이고 있고, 엄청난 소음과 웃음소리, 그리고 사진기 플래시가 터지고 있을 것이다. 확실히 아이들은 즐거운 시간을 보내고 있으며, 종종 집으로 돌아갈 시간에 아이들을 데리고 나오는데 애를 먹기도 한다. 그러나 그들은 무엇인가를 배우고 있는 것일까?

단지 보는 것만으로는 판단할 수 없다

아이들이 과학센터를 방문했을 때 무엇인가를 배우고 있다는 것을 어떻게 알 수 있을까? 배운다는 것은 과학센터에서건 교실에서건 단지 지켜보는 것만으로 알 수 있는 그런 것이 아니다. 전통적으로 배움이라 여겨지는 광경이 있다. 즉, 조용히 앉아 주의 깊게 책을 읽거나, 선생님의 이야기를 경청하거나, 종이에 적힌 무엇인가를 해결하기 위해 집중하는 바로 그런 모습들이다.

그러나 지난 20년 동안의 연구는 배움이라는 것이 그렇게 단순하게 평가될 수 있는 것이 아니라는 것을 분명하게 했다. 이 연구의 요약은 하버드대학과 스미소니언 천체물리학센터가 만든 "신비스런 우주 (A Private Universe)"라는 놀랄만한 비디오에 나타난다. 이 비디오는 하버드대학교 인문대학 학생들의 졸업식 인터뷰로 시작한다. 이들은 모두 개론 수준의 과학 수업을 수강했고 통과했다. 그렇지만 이들에게 달의 위상변화와 같은 기초적인 자연현상을 설명해보라고 하자 즉시 혼란에 빠졌다. 그들은 수업 시간에 당연히 배웠음직한 내용은 다 잊어버리고, 구름이 달을 가려서 초승달 모양을 만든다는 등 초등학교 학생 같은 초보적인 대답을 한다.

하버드대학의 과학 수업에서 전통적인 학습은 오직 단기 기억으로 머물렀다가 금방 잊히는 것으로 판명되었다. 물론 이 학생들은 다른 것들, 특히 자신들의 전공 분야와 스스로 흥미를 갖는 주제의 수업에서는 많은 것들을 배웠다. 실제 학습이 일어날 때와 단순히 학습이 일어나는 것처럼 보이는 때를 결정하는 것은 무엇인가? 이것이 바로 최근 연구의 핵심 과제 중 하나이다. 초기 결론의 하나는, 어떤 주제에 대한 열정적 호기심이 학습이 일어날 수 있는 훌륭한 예고와도 같다는 것이다.

학교 밖에서 일어나는 학습에 대한 연구 역시 증가하고 있다. 전통적 학습 방법의 효과 여부를 알기 위해 주의 깊은 연구가 필요하듯, 비형식 환경에서의 학습을 인지하는 것 역시 단순히 소음이나 행동의 정도를 연구하는 것처럼 간단한 것은 아니다. 우리가 비형식 과학 교육에 대해 알게 된 것을 통해 부모와 교사들이 학교 밖의 엄청나게 풍부한 자료들을 최대한 활용할 수 있도록 도움을 줄 수 있다.

학교 밖의 학습은 어떤 모습을 가지고 있는가?

부모의 영향, 자신의 취미, 어렸을 때의 여행 경험과 본받고 싶은 사람의 효과를 부인하는 사람은 거의 없을 것이다. 우리는 오랫동안 걸스카우트나 보이스카우트 같은 활동에 참여하는 것이 자라나는 과정에 중요하다고 느껴왔으며, 보이스카우트 활동 중 하나인 암호 해독 고리(Secret Decoder Ring)의 신나는 경험을 즐겁게 떠올릴 수 있다. 우리는 여전히 동물원이나 박물관에 공룡을 보러 갔던 날을 기억한다. 그러나 우리는 무언가를 배웠다는 것은 기억하지 못한다. 배움이란 학교에서 일어나는 고통스러운 일이다.

- 조지 트레셀, *비형식 과학학습 : 연구는 무엇을 말하는가…* -
(GEORGE TRESSREL, in *Informal Science Learning: What the Research Says…*)

모든 전시물이 모든 관람객에게 매순간 효과적인 교육도구로 작용하지는 않지만, 전형적인 박물관과 과학센터에서 측정 가능한 학습이 일어난다는 강력한 증거를 가지고 있다. 학습을 정의하고 개선하는데 도움을 줄 수 있는 수 백 건의 연구 결과가 있다.

필라델피아에 있는 플랭클린연구소 과학박물관(Franklin Institute Science Museum)의 한 주요 연구는, 7~9학년 학생들을 대상으로 과학관 방문 전과 후에 각각 과학 시험을 치렀는데, 과학관 방문 결과 점수가 눈에 띄게 향상 되었다는 것을 보여주고 있다.

뉴욕사이언스홀(New York Hall of Science)이 기획한 바이러스에 관한 순회전시 중 뉴욕과 주변 과학관에서 같은 조사가 이뤄졌는데, 바이러스가 어떻게 사람들 사이에 전이되는지에 관한 몇 가지 중요한 질문에 이 전시를 경험한 십대 청소년들은 두 배 이상의 점수를 획득하였다.

심지어 런던자연사박물관(Natural History Museum in London)의 연구는 전시물에 대한 어떤 설명문도 읽지 않은 아이들조차 설명문에서만 얻을 수 있는 정보를 배운다는 것을 보여주고 있다. 이러한 정보는 과학관을 돌아다닐 때 또는 학교 버스나 차 안에서 나누는 대화, 저녁 식사나 다음날 아침 식사 중 나누는 대화를 통해 그 설명문을 읽은 어른과 아이들로부터 읽지 않은 사람들에게 전달되는 것으로 여겨진다는 것이다.

학습의 또 다른 차원

학습 효과를 측정하는 이러한 연구들이은 매우 고무적이기는 하지만, 과학관이나 다른 비형식 환경에서의 학습은 학교에서의 학습과는 매우 다르다. 우리는 어쩌면 성공적인 비형식 학습 경험의 결과보다 훨씬 중요할 수도 있는, 주제에 대한 흥미 부여와 같은 학습의 다른 형태를 놓치지 않도록 주의해야만 한다.

과학관 학습의 여건은 교실과는 매우 다르다. 과학관 학습은 교사 주도가 아닌 학습자 주도로 이뤄진다. 전시가 교사를 대신하여 교육의 중심매체가 되며, 교사의 말이 아닌 전시물이 강의의 기본 수단이 된다. 의무적인 출석이나 진로상담소도 없으며 심지어 참여도를 높이는 인기 있는 선생님이 있는 것도 아니다.

- 윌라드 보이드, 박물관 경험 서문 중에서 -

(WILLARD BOYD, in the preface to *The Museum Experience*)

과학관 경험이 교실에서의 경험과 어떻게 다른지를 보여주는 극적인 예는 특히 초등학교 저학년 학생들이 과학관에 들어서자마자 볼 것들을 향해 여기저기 달리듯이 돌아다닌다는 것이다. 이 부분에 대한 이해를 도와주는 연구가 있다.

먼저 비형식 교육기관에서는 관람객이 학습 자료를 자유롭게 선택할 수 있기 때문에 이들 기관에서는 가능한 한 흥미를 끌만한 자료를 많이 제공한다. 이에 따라 관람객들이 방문을 마치기 전까지(적어도 첫 번째 방문 시) 매 자료마다 30초 정도 밖에 되지 않는 짧은 시간 동안 머물면서 많은 것을 경험할 것을 유도한다. 특히 어린이들은 모든 것을 보고 싶어 한다. 여러분은 혹시 어렸을 때 과학관, 쇼핑몰, 서커스에서 가장 중요한 것을 못보고 놓쳤다는 것을 알았을 때(혹은 형제들이 그것을 확인시켜 주었을 때) 얼마나 서운했었는지를 기억하는가?

어린이들이 과학관에 처음 들어섰을 때 두 가지 학습 활동이 일어난다. 처음에는 어떤 체험을 할 수 있는지 머릿속에 목록을 만든다. 그리고 관람을 마칠 시간이 가까워지면 아이들은 처음에는 단순히 버튼을 누르거나 주위를 뛰어다녔던 전시물이었더라도, 특별히 그들의 흥미를 끌었던 몇 개의 전시물로 다시 돌아오게 된다. 또한 어린이들은 자신을 둘러싼 그 곳 환경을 머릿속에 그리고 싶어 한다. 비록 아이들이 너무 어려서 벽에 붙여 놓은 약도를 이해하지는 못하지만, 구석구석 돌아다니면서 눈에 띄는 전시물의 위치를 확인하는 것은 머릿속에 지도를 그리는데 좋은 방법이 된다. 이런 목록화와 지도를 그리는 행동은 왜 어린이들이 처음에는 전시물에 짧게 머물다가 나중에는 차츰 길게 머무는지를 설명하는데 도움이 된다.

열정적인 관심 찾기

정의적 영역에서의 학습, 즉 교실 안팎에서의 추가 학습에 동기가 되는 깊은 관심을 지속적으로 만들어내는 것은 비형식 학습 경험을 어떻게 측정하고 연구해야할지 발견해 온 것의 일부이다. 스테판 비트굿(Stephen Bitgood), 비벌리 세렐(Beverly Serrell), 돈 톰슨(Don

Thompson)은 '비형식 과학 학습 : 연구는 무엇을 말하는가…'에서 과학관에서 이러한 종류의 학습이 이루어질 수 있는 주요 요소는 다음과 같은 것들을 포함한다고 말한다.

- 개인적으로 알고 있는 것과 새로운 것 사이의 연관성을 재빨리 찾아내어 새로운 연계와 관계를 만들어 내는 것
- 진정한 경험을 하는 것 : 실제 물건(사물, 예술품, 동물)을 보거나, 실제 현상을 경험하는 것, 혹은 정확하고 시뮬레이션이 가능한 장비들을 사용해 보는 것
- 이름 짓기, 확인, 관찰, 상상, 공상, 흉내 내기 및 역할놀이, 협동, 시연, 발견 등의 경험을 하는 것
- 다른 사물들에 대해 탐내는 것(물론 적법하게)

이들 중 몇 가지는 잘 훈련된 교사와 좋은 교육과정에 의해 교실에서도 얻을 수 있다. 비디오, 인터넷, 그리고 외부전문가도 도움이 될 수 있다. 하지만 과학관, 동물원, 그리고 다른 종류의 비형식 학습 기관들은 유일하게 정의적 영역의 학습을 위한 매우 다양하고 적합한 환경을 갖추고 있다. 우리 스스로 배우는 것과 우리 스스로 개인적 발견이라고 생각할 수 있는 것들이 가장 오랫동안 지속되는 효과를 갖는다.

필자가 가장 좋아하는 성공적 전시를 초기에 알려주는 지표는 바로 어린아이가 갑자기 전시물 앞에서 뒤로 물러서며 주위를 둘러보고 "이리 와서 내가 찾은 것 좀 봐!"하고 소리치는 광경을 목격하는

것이다. 그 어린이가 전시물의 모든 과학적 내용을 이해를 하든 못하든, 그 어린이가 묘사된 과학 용어들을 정확하게 알든 모르든, 그 순간 그 어린이는 과학적인 무엇인가를 자신만의 것으로 만든 것이 분명하다. 이러한 과정이 발전되고, 강화되고, 차후의 경험과 연결된다면 일생동안 과학에 대한 배움의 열망이 자리잡게 될 것이다.

또한 이러한 과정의 증거는 과학자들이 과학과 관련된 자신들의 초기 경험에 대해 인터뷰한 것에서도 드러난다. 그들은 과학에 대해 관심이 생기게 된 초기 원인으로 과학센터 방문을 자주 이야기하며, 그들이 사십년, 오십년 심지어 육십년 전에 보았던 어떤 특정한 전시물에 대해 놀라울 만큼 자세하게 묘사한다. 미국자연사박물관(American Museum of Natural History)에서 티라노싸우르스를 처음 보았던 것, 뉴욕 과학산업박물관(New York Museum of Science and Industry)에서 광택나는 스테인리스 철판 위에서 반복적으로 튀어 오르던 공, 시카고 애들러천체관(Adler Planetarium in Chicago)의 돔에서 처음으로 별을 본 것과 같은 경험은 수십 년이 지난 후에도 또렷하게 기억되며, 이런 것들이 바로 평생 학습의 열정적 관심을 만들어내는 중요한 요소들이다.

그들이 단어를 모르는 것처럼 가정하기?

어휘를 측정하는 것은 학습 정도를 평가하는 가장 쉬운 방법 중 하나이다. 그렇지만 과학 학습에 있어 어휘를 배우는 것은 가장 덜 중요한 일 중 하나이다. 그래도 어휘 측정은 오늘날 교실에서의 경험 또는 과학관 방문이 가치 있는 것인가를 결정할 때 자주 쓰이는 방법이기도 하다. "오늘 무엇을 배웠니?"라는 질문은 진정 무엇을 배웠는지에 대해 물어보기에는 별로 도움이 되지 않는 질문이다. 많은 연구들(캘리포니아 버클리대학의 제프 갓피레드(Jeff Gottfried)가 과학센터 방문 후 여러 주가 지난 아이들에 대해 연구한 것과 같은)이 아이들은 어른들이 적절하다고 생각하는 어휘들로 자신들이 배운 것을 요약하는 것보다는, 자신의 경험을 다른 아이들에게 표현하는 것에 훨씬 더 능하다는 것을 보여준다. "오늘 무엇을 배웠니?"라고 묻는 것보다 "오늘 과학관에서 한 일을 네 사촌에게 어떻게 설명 하겠니?"라고 묻는 것이 좋은 질문이다.

물론 우리는 궁극적으로 아이들이 적절한 어휘를 배우기를 원한다. 그들은 자신들의 배움이 깊어지면서 효율적인 의사소통을 위해 적절한 어휘와 수학이 필요할 것이다. 어휘를 배우는 데는 과학관보다 교실이 더 나을 수도 있다. 그러나 개념을 내재화시키고 관심을 불러 일으키는 과정이 없거나, 그 전에 이루어지는 어휘 습득은 하버드 졸업생들의 사례에서 보듯이 단순히 짧은 기간 동안만 성공적일 뿐이다.

필자가 뉴욕사이언스홀의 새로운 과학놀이터에서 가장 좋아하는 전시물 중 하나는 "서서 회전하기(Standing Spinner)"이다. 이 전시물은 한 사람을 위한 회전목마와 같다. 관람객이 가운데에 있는 기둥을 잡고 서서 한 발로 땅을 밀어내면 판과 함께 이 기둥이 회전하기 시작한다. 재미있는 일은 몸을 기둥 쪽으로 기대거나 바깥으로 기울일 때이다. 만일 바깥쪽으로 기울이면 판이 천천히 돌게 되어 거의 멈추게 된다. 반대로 몸을 기둥 쪽으로 기대면 원래의 속도를 다시 회복하게 된다. 다시 바깥쪽으로 기울이면 천천히 돌고, 안쪽으로 기대면 빨리 돌게 된다. 나중에 멈춰서고 나면 어지럼증을 느끼게 되지만 매우 신나는 경험을 하게 된다.

당신이 바깥쪽으로 기울이면 속력이 줄어들고, 안쪽으로 기대면 신기하게도 다시 속력이 살아난다. 그동안 속력은 어디로 사라졌던 것일까? 안쪽으로 기대는 것이 어떻게 속력을 다시 빨라지게 했을까? 안쪽으로 몸을 기댈 때는 팔에 힘이 들어가게 되는데 이것이 속력을 다시 가져오는 것과 어떤 관련이 있을까? 당신이 진정 이러한 질문들에 대한 답을 알고 싶을 때, 당신은 용어와 수학에 대해 배울 준비가 된 것이고 회전체 물리학에 관한 수업을 들을 수 있을 것이다.

당신은 '서서 회전하기'에서 어떤 과학적인 것을 배웠는가? 안내지를 읽지 않았다면 아마도 당신은 '각운동량 보존'이나 '에너지 보존'과 같은 용어를 배우지 못했을 것이고 질량, 속도, 축으로부터의 거리로 표시되는 각운동량과 에너지 공식을 배웠을 가능성은 더더욱 없을 것이다.

물리학자로서 나는 여러분들이 영어와 수학 두 가지 언어 모두를 배워서 이 웅대한 우주 어느 곳에나 존재하는 각운동량 보존에 대해 이야기를 나눌 수 있길 원한다. 그렇지만 나는 여러분들이 이 놀랄 만한 현상을 느끼는 것을 먼저 경험하고, 나중에 이를 어떻게 부르는지, 이를 어떻게 정확히 측정하는지 학습하게 되기를 바란다.

우리는 여전히 교실 안과 밖에서의 학습에 대해 알아야 할 것이 많다. 그러나 적어도 한 가지 분명한 사실은 학습과 재미가 서로 대립하는 경험은 아니라는 것이다. 진정한 학습이 포함되지 않은 재미없는 경험, 즐거운 경험들로 이루어진 학습경험도 존재한다. 다시 한 번 확언하지만 이 두 가지를 모두 갖고 있는 경험은 매우 많이 존재한다.

> 앨런 프리드먼은 뉴욕 퀸즈에 있는 뉴욕사이언스홀 전무이사이다.
> 1996년 미국과학진흥회의 과학과 기술의 대중이해 부문에 대한 상을 수상하였다.

참고문헌

A Private Universe, videotape produced by Matthew Schneps and the Science Media Group of the Harvard-Smithsonian Center for Astrophysics. Distributed by the Astronomical Society of the Pacific, 390 Ashton Avenue, San Francisco, Calif. 94112.

Valerie Crane, et al., *Informal Science Learning: What the Research Says About Television, Science Museums, and Community-Based Projects* (Dedham, Mass.: Research Communications Ltd., 1994).

John H. Falk and Lynn D. Dierking, *The Museum Experience* (Washington, D.C.: Whalesback Books, 1992).

Jeff Gottfried, *A Naturalistic Study of Children's Behavior in a Free-Choice Learning Environment* (Ph.D. dissertation, University of California, Berkeley, 1979).

II
관람객 이해하기

II. 관람객 이해하기

 새로운 과학센터의 문을 열었을 때 과연 어떤 사람들이 올 것 같은가? 방문객들은 그 과학센터에 무엇을 기대하며, 또 과학센터는 방문객들에게 무엇을 기대할 수 있는가?

 여기에서는 일반적인 과학센터 관람객에 대해 알고 있는 바를 이야기 하고자 한다. 당신의 과학센터에 찾아오는 관람객은 아마 이와 다를 수 있다. 정기적으로 관람객 대상 설문조사를 계획하고 실시하여 당신의 과학센터의 영향력을 측정하고 과학센터의 개선과 성장을 계획하여야 한다.[1]

얼마나 많은 사람들이 과학센터에 오는가?

 과학센터 건립을 기획하는 사람들은 기존 과학센터의 관람객수를 보면서 자신들의 새 과학센터에 얼마나 많은 관람객이 올 것인지를 추정한다. 그들은 종종 도시의 면적, 경쟁적인 관련 기관, 그리고 마케팅 예산 등을 조사하며 자신들의 지역사회에서 얼마나 많은 관람객을 기대할 수 있을지 감을 잡으려고 한다. 그러나 기존의 과학센터와 박물관의 자료를 좀 더 자세히 들여다본다면 이러한 접근이 예측으로서의 큰 가치가 없음이 드러난다.

1989년 조지아 포트 고든(Fort Gordon)에 있는 국립과학센터(National Science Center)는 38개의 ASTC 회원기관의 자료를 다변수분석(Multivariate Statistical Analysis)한 결과 관람객수는 전시공간에 가장 밀접하게 연관되어 있음을 보여 주었다.[2] 지역사회의 규모와 관계없이, 볼만한 전시물이 많을수록 더 많은 관람객이 온다는 것이다. 일상적인 경험 역시 이를 입증한다. 뉴욕의 미국자연사박물관(American Museum of Natural History)과 맨해튼(Manhattan)의 어린이박물관(Children's Museum)의 경우, 둘 사이의 거리가 가까워 인구구성면에서는 유사하지만 전시공간의 크기 차이만큼 관람객수에도 큰 차이가 난다.

그러나 관람객수가 물리적인 규모에 비례한다는 것은 어디까지나 대략적인 것이다. 분명한 것은 제공하는 경험의 질이 중요한 역할을 한다는 것이다. 사람들이 어떻게 방문횟수를 결정하는지 정확하게 알지는 못하지만, 입소문에 가장 크게 영향을 받는다는 것은 알고 있다. 만약 가족이나 친구와 같이 믿을만한 사람이 "거기 정말 가볼 만해."라고 이야기한다면 사람들은 그 과학센터에 가보려고 한다.

최근까지도 과학센터를 설립했던 사람들은 일정 규모의 관람객 확보를 안심할 수 있었다. 그러나 1990년대 초부터 관람객수를 예측하는 일은 더 까다로운 일이 되었다. 대중의 여가 시간에 대한 다른 교육적, 상업적 기관과의 경쟁이 치열해졌기 때문이다. 관람객을 유치하고 이를 유지하는 전략적 마케팅이 더욱 중요하게 되었다.

ASTC의 최근 통계자료를 보면, 10,000 ft^2의 전시 공간 당[1] 대략적으로 연간 평균 100,000명의 관람객이 과학센터를 찾아온다.[3] 그렇지만 실제로는 이 값에 많은 변수가 있다. 면적 당 관람객수를 조사한 것에는 프로그램, 극장, 천체관, 수장품들의 효과를 무시한 것이고 따라서 기관의 역량을 정확히 대변하지 못한다는 점을 인지해야 한다. 이는 또한 전시장이 얼마나 붐비는지 혹은 전시 내용이 바뀌면서 방문 형태가 어떻게 달라지는지를 설명하는 것도 아니다. 기존의 과학센터를 확장하려할 때, 관람객의 증가가 전시공간의 증가와 항상 같은 것도 아니다.[4] 그렇지만 이러한 어림셈은 재정 계획을 세우는데 경험을 바탕으로 한 가장 좋은 지침을 제공한다.

많은 과학센터들이 자신들만의 독특한 방문 양상을 보이는 대형 화면의 극장을 비롯한 다른 특별한 즐길 거리들을 갖고 있다. 많은 기획자들이 특별한 즐길 거리에 대한 방문 양상을 계산해내기 위한 공식을 개발해 왔다.[5] 가끔 과학센터 직원들은 이러한 즐길 거리들을 새로운 관람객(예를 들어, 밤 시간의 여흥을 원하는 젊은 성인층)을 끌어들이거나 수입의 수단으로 생각하기도 한다. 직원들은 특별한 목적을 가진 사람들이 일단 과학센터에 들어오면 결국 그 외의 다른 시설들도 이용하기를 원한다.

사실 특별한 즐길 거리 가설의 첫 부분은 사실로 판명되었다. 다양한 관람객이 찾아오는 것이다. 그렇지만 이러한 특별한 즐길 거리에 대한 방문 목적을 달성한 후 기타 시설의 관람으로 반드시 이어지는 것은 아니다. 대형 화면을 갖는 극장이나 동작 시뮬레이터와 같은 전시물이 아닌 즐길 거리를 추가 설치하려는 과학센터는 이들의

---

1) 10,000ft^{2}은 대략 929m^2 또는 281평에 해당

효과와 이들이 자신들의 사명에 부합하는지를 주의 깊게 따져보아야 한다. 시간과 돈 그리고 노력들이 과학센터의 커다란 목적에 부합할 수도 있고 그렇지 않을 수도 있다.

사람들은 왜 과학센터에 오는가?

사람들은 친구, 가족과 함께 그들의 호기심을 시험하고 과학에 대해 무언가 배우면서 좋은 시간을 갖기 위해 과학센터에 온다. 그들은 특별한 전시물이나 대중적으로 인기 있는 영화에 점점 끌리게 된다. 과학센터 방문 특성을 분석할 수 있는 폭넓은 현장의 자료를 갖고 있지 않지만, 서로 다른 기관에서 동시에 진행된 연구에 의하면 대부분의 관람객에게 재미와 과학학습이 중요하다는 것을 알 수 있다.[6]

현장학습을 온 학생들과 같은 단체를 제외하고 관람객들은 그들의 여가시간에 자발적으로 과학센터를 방문한다. 사실상 과학센터는 방문객들이 시간과 돈을 쓰는데 있어서 다른 여러 여가시간을 보낼 수 있는 곳과 경쟁하고 있는 것이다. 어떤 사람들은 이러한 점이 과학센터도 위락산업의 특성을 받아들여야 한다는 사실을 의미한다고 한다. 즉, 과학센터들이 관람객의 선호도를 분석하고 새로운 기술로 현혹하고 대규모 관람객을 수용할 수 있는 시설들을 갖추어야 한다는 것이다. 몇몇 과학센터 직원들은 대규모 방문객을 유치하고 수용하는 디즈니(Disney)의 예리한 방법들에 대해 매우 진지하게 접근하기도 한다.

그러나 놀이공원의 다른 특성들은 과학센터의 미션 및 이들의 분명한 특성과 양립할 수 없다. 놀이공원은 종종 수동적 관람객들이 아무런 정신적 노력 없이 갖는 균일한 경험을 제공하고, 기술적인 경이로움들이 설명 없이 지나가며, 질문의 여지를 남겨두지 않는다. 과학센터는 관람객들이 좀 더 적극적이기를 원한다. 즉, 관람객들이 관람 중에 적극적인 역할을 하고, 질문을 던지며 설명을 찾을 것을 기대한다. 이상적으로, 이러한 과정은 그 자체만으로 이미 보상을 받는 것이다. 왜냐하면 잘 짜인 전시와 프로그램은 관람객들로 하여금 그 자체로써 이미 대단한 만족의 원천이 되는 새로운 식견을 갖도록 도와주기 때문이다.

과학센터가 이러한 종류의 학습을 이끌어내기 때문에 과학센터는 지역사회의 요구와 함께 관람객들의 기대치도 충족시킨다고 할 수 있다. 지금까지 과학센터들은 관람객들의 호의를 즐겨왔다. 사람들이 자발적으로 찾아 올뿐만 아니라 단체 관람객의 경우에도 과학센터에서 제공하는 것에 대해 기꺼이 관심을 보여왔다.

관람객들은 과학센터가 제공하는 정보와 경험을 신뢰하는데 아마도 이는 그들이 전통적으로 애정을 가져왔던 자연사박물관의 연장선상에 두고 있기 때문일 것이다.[7] 관람객들의 관심이 여가와 학습을 적절히 혼합된 경험으로 보상 받기만 한다면 과학센터는 대중의 호의를 계속 이어갈 수 있다. 과학센터들은 지역사회 내에서의 특화된 권위를 누리고 관람객이나 재정지원자들 모두에게 상업화된 장소들과는 차이점을 만들어 낼 수 있다.

누가 과학센터에 오며, 그들은 와서 무엇을 할까?

다음에 소개하는 것은 미국에 있는 과학센터들에 대한 관찰과 자료를 바탕으로 한 것이다.

과학센터 관람객의 절반은 최소 18세이고, 나머지 절반은 그 이하이다. 주 고객은 가족 관람객들로 이들은 주말과 휴일 그리고 여름철에 센터를 방문한다. 과학센터는 일반적으로 이런 시기에 더 붐빈다.[8] 개인 관람객이 가장 많은 날은 여름에 비가 오는 일요일 또는 월요일이 휴일인 날이다. 아침 일찍 또는 저녁 늦게 찾아오는 관람객은 많지 않으며, 가족 관람객들로 가장 붐빌 때는 한낮인 경우이다. 십 대 후반의 청소년들과 62세 이상의 노년층은 일반적으로 과학센터를 자주 찾지 않는다.

학생단체 관람객은 주중에 10월부터 시작하여 학년 마지막 달까지 (이 동안은 가족단위 관람객들이 오지 않는 시기이다) 점점 증가하며, 캠프에 참여하는 단체는 여름에 많다. 학생 단체는 지역 버스를 이용할 수 있는 오전 10시부터 오후 1시 사이에 찾아온다. 일반적으로 방학 후 가정이나 학교가 재정비되는 9월과 1월에는 관람객수가 감소한다. 특별 전시와 영화가 관람객수를 현저히 증가시킬 수 있다.

가족 관람객은 과학센터에서 보통 한 시간 반에서 두 시간 반 동안 머무른다. 어떤 과학센터 직원은 점심 식사를 제공하는 시설이 가족들의 방문 시간을 길게 한다고 믿는다. 앉아서 쉴 수 있는 곳과 화장실을 갖추는 것이 가족들의 방문을 더욱 편안하게 해준다.

일반적으로, 아이를 데리고 온 가족들은 전시물에 같이 모여 이야기를 하며 이해하고 평가하는 것을 서로 돕는다. 다른 단체의 경우, 사회적 상호작용의 양과 종류는 단체의 구성과 관련이 있는 것처럼 보인다. 남녀가 짝을 이룬 관람객들은 대화를 나누기 보다는 설명문을 읽는다는 보고도 있으며, 부모들이 여자 아이보다 남자 아이에게 전시물을 더 많이 설명한다는 보고도 있다.[9]

초등학교 1학년에서 고등학교에 이르는 학생 단체가 과학센터를 이용하는데, 초등학교 단체가 훨씬 많으며 그 중에서도 5학년 학생 단체가 가장 많다. 중·고등학교에서는, 과목마다 선생님이 다르기 때문에 과학센터 방문을 조정하기가 훨씬 어렵다. 전형적으로, 한 번 방문에 한 시간 또는 한 시간 반 정도 소요되는데, 여기에는 영화나 특별 강의 또는 미리 예약된 워크숍이 포함될 수 있다. 또한 일반적으로 아이들은 선생님의 편안한 감독과 부모의 동반 하에 전시장을 둘러보기도 한다. 어린 학생들이 전시장에 들어서면 거의 항상 이쪽 모퉁이에서 저쪽 모퉁이로 뛰어다니며, 결과를 관찰하기 위해 멈춰서는 일 없이 손잡이를 비틀고, 지레를 잡아당기는 등 흥분된 상태에서 모든 것을 조사하고 다닌다. 그러다가 약 20분 정도가 지나면 진정이 되어 그들 혹은 친구들의 관심을 끄는 전시물에 진지하게 몰두한다.

과학센터에 대한 비평가들은, 학생들이 센터를 방문하는 동안 즐거워한다는 사실은 인정하지만, 그들이 무엇을 배우는가 하는 점에는 의문을 제기한다.[10] 상대적으로 잘 통제된 조용한 학교에 익숙한 학생들에게 과학센터에서의 활동은 고통이 될 수 있다. 비록 어린이가 과학센터에서 고도의 활동성을 보이는 것이 체계적인 사고를 촉진시키지는 않더라도, 학습에 대한 본질적인 동기부여와 함께 호기심 제공과 개인적 선택을 격려하게 된다. 게다가 아이들이 과학센터를 방문했을 때 얻었던 과학에 대한 좋은 기억들을 계속 간직한다는 증거들도 있다.[11] 즐거움은 학습에서 중요한 역할을 한다 : 무엇인가를 배우기 위해서는 그것에 가까이 다가가야 하며, 만약 무엇인가에 가까이 다가가는 것이 즐겁다면 좀 더 배우려고 할 것이다.[12] 이러한 사실은 학생단체와 일반 관람객 모두에게 똑같이 적용된다.

거의 모든 과학센터가 학생단체를 수용하고 있는데, 절반 이상의 센터가 일 년에 이만오천 명이 넘는 학생들을 맞이한다. 평균적으로 과학센터 관람객의 24%를 학생단체 관람객이 차지하지만, 실제 비율은 기관의 규모에 따라 크게 달라진다. 규모가 큰 센터일수록 일반 관람객의 비율이 높은데 비해, 작은 센터일수록 학생단체 비율이 더 높다.[13] (일부 연구자들은 학생 단체가 편안하게 점심을 먹을 수 있는 식당 규모의 제한이 방문 학생수를 제한한다고 말한다.) 새로운 과학센터는 처음에는 전시장의 운영에 집중하고, 나중에는 학생단체를 맞이하기 위한 자료와 방법을 개발하는데 초점을 맞추는 경향이 있다.

과학센터 관람객은 무엇을 요구하는가?

몇 가지 연구 흐름 - 과학센터 관람객 연구, 과학 소통, 심리학과 학습이론에 대한 다양한 분야 - 은 하나의 의견에 수렴한다. 즉, 관람객들은 자신의 경험을 만드는데 적극적인 역할을 한다는 것이다. 우리는 관람객의 사전 지식(정확하던 정확하지 않던), 개인적 관심, 과학센터에서의 사회적 상호작용 그리고 선호하는 학습 유형이 그들이 보고 행동하는 것에 영향을 준다는 것을 알고 있다. 과학센터가 관람객의 생각을 더 많이 이해하고 수용할수록 관람객과의 더 풍성하고 행복한 소통을 이룰 수 있다.

그러나 다양한 연령과 배경, 기술적 능력차, 여러 사회집단들로 이루어진 방문객들의 생각을 모두 수용한다는 것은 터무니없는 일이다. 그렇다면 우리가 어떻게 서로 다른 사람들의 요구를 알 수 있을까? 그리고 어떻게 해야 제한된 공간과 자원으로 그들이 원하는 것을 모두 제공할 수 있을까?

일부 과학센터는 어른들은 인솔자의 역할만 한다고 가정하고, 소통전략을 어린이들에게만 집중함으로써 작업을 단순화한다. 이는 과학센터는 어린이만을 위한 것이라는 인식을 확산시켜 관람객의 절반인 어른들을 대수롭지 않게 여기게 한다. 과학센터는 어린이와 어른으로 분류된 두 그룹의 정신적 능력의 차이 그리고 서로간의 교류 가능성을 염두에 두고 두 그룹 모두를 위해 설계될 수 있으며, 또 그렇게 되어야 한다. 혼합된 관람객 중에서 전시물과 프로그램은 8학년 수준에 맞추도록 한다. 8학년 정도면 거의 일반 성인들 만큼 재치 있으며, 그 보다 어린 아이들은 또래 이상의 사람을 따라하면서 수행하게 된다. 그럼에도 불구하고, 과학센터는 청소년들에게 가장 큰 영향을 미친다는 것이 사실일 것이다.

과학센터가 다양한 고객을 수용하기 위해 사용하는 한 가지 전략은 전시장 공간을 나누는 것이다. 때로는 전문가나 성인 관람객이 특별히 흥미를 갖는 기술적 또는 정책적 논쟁에 대한 기획전시나 순회전시를 열기도 한다. 때로는 나이 많은 형제나 자매와 함께 관람하기 어려운 취학 전 어린이들을 위한 별도의 공간을 두기도 한다(부모들은 항상 유아들을 돌봐야 한다). 공간이나 인력이 전적으로 오직 한 관람객(예를 들어 중학교 교사)을 위해 제공하는 프로그램에 사용되기도 한다. 과학센터의 공간을 얼마나 많이 분할하느냐 하는 것은 이루고자 하는 미션과, 목표를 달성하기 위한 계획이 얼마나 견실한지에 따라 달라진다.

과학센터에서의 방문객의 행동 연구는 물리적 안내와 편안함에 대한 방문객의 요구도 지적한다. 적어도 방문객이 길을 잃지 않고 시설에 접근할 수 있도록 이해하기 쉬워야 하며, 휴식공간과 답사지역 등이 전시영역 뿐 아니라 그 외 영역까지도 동선을 따라 방향지시가 잘 되어 있어야 한다. 학생 단체가 쉽게 사용할 수 있도록 충분한 화장실이 필요하다. 관람객들이 막다른 길에 다다라 당황하는 일이 없어야 하며, 전시물과 전시물 사이 또는 전시물 주위에 단체 관람객의 상호작용을 위한 공간도 필요하다.[15] 법이 요구하는 장애인을 위한 편의시설은 시작할 때부터 설치하는 것이 가장 쉽다.[16]

관람객들 역시 전시 컨텐츠를 선택하여 관람할 수 있다는 것을 잘 이해하고 방문을 계획할 때 이러한 선택권을 잘 활용할 필요가 있다. 전통적으로 과학센터는 안내소, 영상, 지도, 컴퓨터 등 많은 기술을 이용하여 과학센터의 내용을 관람객에게 안내한다. 어떤 방법이 최선이라고 단정 지을 수 없지만, 전시물과 건물에 대해 안내(재입장 방법, 화장실과 식당의 위치를 포함하여)하는 것이 방문객을 만족시키는데 기여한다.

누가 과학센터에 오지 않는가?

미국과 영국의 통계조사에 따르면, 과학센터에 오는 성인 관람객의 대부분은 사회경제적으로 중상층 집단이라고 한다.[17] 다른 유럽과 아시아의 과학센터 직원의 관찰 결과를 볼 때에도 이러한 경향이 어디서나 실제 사실임을 알 수 있다. 그래서 모든 나라의 과학센터 직원들은 이러한 준비된 관람객의 습성이나 선호도에 익숙해져서 이들을 염두에 두고 계획을 짜게 된다. 프로그램 만들기, 마케팅, 자금마련, 심지어 직원 채용까지도 이러한 중류층 양식에 계속 맞추게 된다.

몇몇 연구에 의하면 과학센터에 오는 사람들은 과학센터를 방문하는 "문화적 습관"을 가지고 있다고 한다. 어린 시절 과학센터에 다녀본 사람은 제공받은 자극에 감사하며 전통을 이어간다. 과학센터 방문이 과학에 처음 관심을 갖게 된 계기가 됐다고 하는 많은 과학자들의 일화도 있다. 이제 우리의 과제는 첫 번째 세대를 어떻게 끌어들이는가 하는 것이다.

과학과 기술에 대해 관심을 갖는 대중을 분류하는 법이 1980년대 초 존 밀러(Jon Miller)에 의해 개발되었는데, 이는 수십 년 간 과학 소통가(Science Communicators)들의 이목을 집중시켰다.[18] 밀러는 미국 대중을 네 가지 층으로 나누었다.

1. 정상에는 수천 명의 과학정책 입안자가 있다.
2. 다음은 정책입안자들이 보통 말하는 "관심이 깊은" 대중이다. 밀러의

정의에 의하면, 이들은 높은 수준의 과학기술에 대한 관심, 사실에 입각한 지식, 정기적인 과학정보 습득의 습관을 갖는다(과학센터 방문은 이런 습관을 보이는 것 중 하나이다).
3. 다음으로는 미국 성인의 대략 20%에 해당하는, 과학기술에 관심은 가지나 지식이 없는 "잠재적 관심이 깊은" 대중이다.
4. 그리고 피라미드의 가장 낮은 층을 구성하는 약 60% 정도의 관심도 정보도 없는 계층이다.

밀러는, 과학소통은 관심이 깊은 층과 함께할 때 효과적이며, 잠재적 관심층에게는 참가를 독려할 수 있는 반면, 관심이 없는 사람에게는 일반적으로 효과가 없다고 주장한다. 밀러는, 효율적인 면에서, 과학을 받아들이고 과학에 대해 무언가 할 준비가 되어 있는 사람, 즉 관심이 깊은 층과 소통해야 할 것이라고 말한다. 그러나 밀러가 평가한 관심이 깊은 층도 아직은 일반적으로 "과학적 소양인"은 아니다. 만일 그들이 과학정책의 인가자로서 효과적으로 행동하려면 좀 더 많은 정보와 이해가 필요하다.

밀러는 최근 조사에서 새로운 질문을 제기하였다. 그는 미국 성인의 약 66%가 매년 동물원, 수족관, 식물원, 과학센터 그리고 자연사 박물관을 포함한 비형식 과학학습 기관을 찾는다는 사실을 발견하였다. 그가 통계조사를 시작한 이후로, 비형식 학습기관의 수와 그 기관들 중 상호작용과 관람객 중심의 활동의 움직임이 증가해 왔다. 그러나 밀러의 조사에 의하면 "과학적 소양인"의 비율은 그에 비례해서 증가하지 않았다는 것이다.[19]

밀러의 연구는 다른 사람들에게 대중의 과학소통을 좀 더 가까이 들여다보도록 자극하였다. 1990년, 공공의제재단(Public Agenda Foundation)에 의한 한 연구는 특별히 과학센터에 흥미 있는 것이다.[20] 이 연구는 보통의 미국인들이 복잡한 과학적 쟁점에 대해 일관성 있고 적합한 정책적 결정을 내릴 수 있는지를 조사하도록 설계되었다. 400명의 시민에게 환경적으로 쟁점이 있는 영화를 보여준 후 45분 동안 공정한 토론에 참가하도록 하였다. 그 후, 투표를 실시한 결과 시민들의 정책적 권고는 편지에 의해 조사한 418명의 과학자 위원단이 내린 결과와 본질적으로 동일하였다. 적당한 중재가 주어지면 "비관심층" 시민들도 다른 사람들과 같은 결정을 하게 되는 것이다.

과학센터도 과학에 기반을 둔 복잡한 사안에 대한 과학 정책 입안에 모든 성인 대중들이 사려 깊게 참여할 수 있도록 하는 비슷한 "적당한 중재"를 제공할 수 있다. 밀러의 논의에서는 관심 피라미드의 상위 절반을 위해 과학센터가 무엇이 가능한지 혹은 어떻게 하는 것이 바람직한지 정확히 정의하지는 않는다. 베이비 붐 세대의 노령화와 함께 어떤 과학센터에서는 큰 인구계층을 갖는 이들의 정보 수요를 충족시키기 위한 계획을 늘리는 중이다.

관람객의 다양화를 원하는 과학센터는 평소에 과학센터에 오지 않는 사람들을 끌어들이기 위해 의식적이고 결연한 노력을 기울여야만 한다. 사회경제적 빈곤층은 과학센터에 가는 "문화적 습관"을 덜 갖거나, 그들과 같은 사람을 보기 힘든 장소에서 환영받지 못한다는 느낌을 가질 수 있다. 어떤 과학센터는, 소수자 집단 고객층의 대표와 접촉하고 계획을 세우는데 그들을 참여시키기 위해 여분의 시간과 자원을 마련하여, 새로운 지역사회 속에서 고객을 점점 확장해 나가는데 성공하였다. 이런 과정이 천천히 일어날 수도 있지만 이는 매우 중요한 일이다. 과학센터의 미션에서 지역사회의 모든 구성원에 대한 서비스는 명백히 드러나거나 때로는 내포되어 있는데, 이렇게 하는 것은 정부나 자선단체의 지원을 정당화 하는데 매우 중요하다.[21]

물론 아직도 과학센터가 중산층 가족을 위해 해야 할 일도 있다. 모든 환경 출신의 청소년들이 9학년 때까지 과학을 포기하며, 특히 유색인종의 청소년의 숫자가 매우 높다. 과학센터는 청소년들을 기술학습에 끌어들이는 방법을 찾는데 전념하여 이들이 생산적인 미래를 가질 수 있도록 해야 한다.

주(註)

1. 방문객 조사에 대한 소개는, Ross Loomis, *Museum Visitor Evaluation* (Nashville. Tenn.: American Association for State and Local History, 1987)의 2장과 3장을 참조하라. 또 다른 자료로는, Judy Diamond, *Practical Evaluation Guide* (AltaMira Press/American Association for State and Local History, 1999)과, Randi Korn and Laurie Sowd, *Visitor Surveys: A User's Manual* (Washington, D.C.: American Association of Museums, 1999)이 있다.

2. National Science Center for Communications and Electronics, "Estimates of Annual Number of Visitors to the NICE Discovery Center: Executive

Report"(Fort Gordon, Ga.: National Science Center for Communications and Electronics, 1989).

3. ASTC 기관들의 2002년 관람객 및 시설 현황에 따르면, 전시장 면적 ft^2 당 평균 관람객 수는 10.73명 또는 10,000 ft^2 당 약 107,000명 이었다. *Sourcebook of Science Center Statistics* 2002(Washington, D.C.: ASTC, 2003).

4. 뉴욕 이타카과학센터의 전문이사인 찰스 트라우트만과 1997년에 나눈 사적인 대화에 근거함. Amy Gilligan and Jan Allen, "If We Build It, Will They Come?" *ASTC Dimensions,* May/June 2003을 참조하라.

5. 예를 들어, Peter Anderson, *Before the Blueprint: Science Center Buildings* (Washington, D.C.: ASTC, 1990)을 참조하라.

6. Michael B. Alt. "Four Years of Visitor Surveys at the British Museum (Natural History) 1976-79," *Museums Journal* 80(1980)에 의하면, 관람객이 과학센터를 찾는 주된 이유는 일반적인 흥미와 호기심이라고 한다. 관람객들이 학습과 즐거움을 위해 과학센터를 찾는다는 사실은 아리조나과학센터의 미발간 연구 등 여러 연구에서도 확인할 수 있으며, 이 책의 다음에 나오는 로저 밀의 글에서도 확인할 수 있다.

7. 2001년 2월 레이크 스넬 페리와 그의 동료들은 미국에서 수행한 전화응답조사에서, 다양한 정보원 중에서 과학센터가 단연코 가장 믿을만한 객관적인 정보원임을 밝혔다. 과학센터와 비슷한 정도의 신망을 주는 기관은 없다는 것이다. 미국박물관협회(American Association of Museums)에서 요약본을 구할 수 있다.

8. 1994년 Randi Korn과 Johanna Jones가 각각 두 곳의 과학센터와 자연사박물관에서 수행한 연구인 "An Analysis of Differences between Visitors at Natural History Museums and Science Centers," Curator, Vol. 38, No. 3 (1995): 150-160.에 의하면, 과학센터를 방문하는 단체의 74%가 어른과 어린이로 구성되었다고 한다. *The ASTC Science Center Survey: Administration and Finance Report* (Washington, D.C.: ASTC, 1988-89)을 편집한 Susan McCormick의 과학센터 방문객의 연령분포에 기초한 것임

9. 커플에 대해서는, Paulette McManus, "It's the Company You Keep... the Social Determination of Learning-related Behaviour in a Science Museum," *The International Journal of Museum Management and Curatorship*, Vol. 6 (1987)을 참조하라. 부모와 자녀에 대한 내용은, Kevin L Crowley, Maureen A. Callanan, Harriet R. Tenenbaum, and Elizabeth Allen, "Parents explain more often to boys than to girls during shared scientific thinking," *Psychological Science*, Vol. 12, No. 3 (May 2001): 258-261을 참조하라.

10. Michael Shortland, "No Business Like Show Business," *Nature* 328 (1987).

11. 개관을 위해 Elsa Bailey, "Review of Selected References from Literature Search on Field Trips/School Group Visits to Museums," (Washington, D.C.: ASTC, 1999)을 참조하라. ASTC의 웹사이트인 www.astc.org/resource/educator/ftrips.htm에서 볼 수 있다. 또한 Jeffry Gottfried, "Do Children Learn on School Field Trips?" *Curator* 23(September 1980); Minda Borun et al., *Planets and Pulleys:*

Studies of School Visits to Science Museums (Washington, D.C.: ASTC, 1983); John H. Falk and Lynn D. Dierking, "School Field Trips: Assessing Their Long-Term Impact," Curator, Vol. 40, No. 3 (September 1997): 211-218을 참조하라.

12. 학습에서 본질적인 동기의 역할에 대해서는 Mihaly Csikszent mihalyi가 기술한 바 있다. "Intrinsic Motivation in Museums: Why Does One Want to Learn?", Public Institutions for Personal Learning (Washington, D.C.: American Association of Museums, 1995): 67-77을 참조하라.

13. ASTC Sourcebook of Science Center Statistics 2002의 자료에 의하면, 2001년에 과학센터의 64%가 25,000명이 넘는 학생 단체가 방문했다고 보고하고 있다.

14. Minda Borun and Maryanne Miller, "To Label or Not to Label?" Museum News, March/April 1980.

15. "Environments for Learning," Journal of Museum Education, Vol. 27, No. 1 (Spring 2002)과 John H. Falk, Lynn D. Dierking, "The Physical Context," Learning from Museums: Visitor Experiences and the Making of Meaning (Walnut Creek, Calif.: AltaMira Press, 2000)의 4장을 참조하라.

16. Everyone's Welcome: the Americans with Disabilities Act and Museums (Washington, D.C.: American Association of Museums, 1999)과 ASTC 웹사이트(www.astc.org) Accessible Practices 항목을 참조하라.

17. 미국에 대한 자료는, Katherine Dimmock, "Models of Adult Participation in Informal Science Education," Ph.D. dissertation, Northern Illinois University(1985), 영국 자료는 미발간된 D. Cox의 연구, "Attitudes to Science Among the Public Visiting Science Centres/Exhibitions."에 의한 것이다. 이들 결과들은 Office of Science and Technology와 Wellcome Trust의 공동 보고서인 *Science and the Public: A Review of Science Communication and Public Attitudes to Science in Britain* (London, 2000)에 잘 반영되어 있다.

18. Jon D. Miller, *The American People and Science Policy* (New York: Pergamon Press, 1983)의 4장을 참조하라.

19. Jon D. Miller, "Civic Scientific Literacy: A Necessity in the 21st Century," *FAS Public Interest Report: The Journal of the Federation of American Scientists*, Vol. 55, No. 1 (January/February 2002).

20. John Doble and Amy Richardson, "Scientific Issues and Thoughtful Public Involvement: A Case of the Impossible vs. the Inevitable?" (New York: The Public Agenda Foundation, 1990).

21. Eric Jolly, "Confronting Demographic Denial: Retaining Relevance in the New Millennium." *ASTC Dimensions*, January/February 2002.

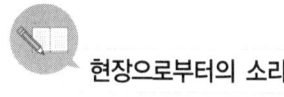 현장으로부터의 소리

함께하는 과학탐구

••• 줄리 존슨(Julie Johnson)

"함께 탐구하는 과학 가족"(Families Exploring Science Together, FEST)이라는 필라델피아 지역 사업의 목표는 비정규 과학 기관과 지역 사회 단체 간의 지속적인 관계를 구축하는 것이다. 플랭클린 연구소 과학관(Franklin Institute Science Museum), 자연과학아카데미 (Academy of Natural Sciences), 뉴저지주립수족관(New Jersey State Aquarium), 그리고 필라델피아 동물원(Philadelphia Zoo)은 1993년부터 11개의 지역 사회단체들과 함께, 과학센터 입문에서부터 깊이 있는 탐구활동에 이르는 다양한 단계의 체험 프로그램을 무료로 제공해 왔다.

가족 행사와 과학 워크숍은 그러한 노력의 주요 결과이다. 또한 더 많은 참여를 원하는 가족을 위해 더 심화된 단계의 체험을 제공한다. FEST 패밀리 뉴스레터는 가정에 정보를 제공하며, 과학센터와 지역사회 단체 간의 결속을 조성한다. 위의 네 기관 모두 소외계층의 아이들이 쉽게 접근할 수 있는 학교 프로그램을 가지고 있다. 하지만 일반 관람객의 민족적, 인종적 구성비는 필라델피아와 캠든(Camden)의 인구 구성비가 반영되고 있지 못하다. 필라델피아 인구의 40%는 아프리카계 미국인이고, 6%는 라틴아메리카인, 그리고 3%는 아시아

계이며, 캠든은 53%가 아프리카계 미국인이고 14%가 라틴아메리카인이다. 이 사업의 목표는 우리가 일반 관람객을 폭넓게 다양화하는 것에 대해 알게 된 것을 적용하는 것이다.

FEST에 관련된 서로 다른 15개 기관 간의 신뢰와 이해감 구축은 쉽지 않은 작업처럼 보일지 모른다. 하지만 우리는 팀 구축 활동, 대화, 그리고 다양성에 대한 워크숍을 통해 팀을 키워왔다. 지역 동반자들은 정규적 활동과 더불어 FEST의 목적을 통합하는 주목할 만한 일을 이루어왔다. 예를 들어, 프랭크포드그룹 봉사단[2]은, 아이들이 FEST의 소규모 수업에 참여하고 학습활동에 대한 과제를 부모님과 함께하는 방과 후 프로그램을 매주 한 번씩 실시한다. LEAP[3] 아카데미 자율형 공립학교[4]는 부모들에게 매월 학교에 시간을 기부하고 학부모 모임에 참석할 것을 요구하는데, FEST 활동에 참여하는 시간을 이 시간에 포함시킬 수 있게 해준다. 그리고 아이마니 교육서클 자율형 공립학교(Imani Education Circle Charter School)는 FEST 활동에 대한 정보를 학교 안내서에 게시하고, 연례 가족 모임 야유회에서 그해 FEST 행사에 3회 이상 참석한 가족에게 인증서와 함께 과학상을 수여한다.

해결해야할 과제도 있다. 하나는 교통문제이고, 또 다른 문제는 언어이다. 지역사회 협력자 중 넷은 열세 개의 서로 다른 언어를

---

[2] Frankford Group Ministries : 비영리 기독 사회단체
[3] The Leadership, Education, and Partnership
[4] Charter School : 미국의 각 주정부의 예산으로 설립되지만 학교에게 독립적 권한을 주어 자율적으로 운영되는 공립학교로 커리큘럼을 학교가 자율적으로 정할 수 있는 등 사립학교의 장점을 살린 새로운 형태의 공립학교이다.

사용하는 가족을 가지고 있다. 그리고 "무료" 참가자를 어떻게 "유료"로 바꾸는가 하는 것은 여전히 숙제이다. 하지만 우리는 과학 센터에 가는 습관을 심어주고 미래의 관람객을 만들어 내고 있다. 우리의 지역사회 협력자 중 한 사람은 다음과 같이 말하였다. "FEST는 단순한 과학 행사 이상입니다. 그것은 우리 자신과 우리의 지역 사회, 그리고 이들의 자원을 이해하는 것에 대한 것입니다. FEST가 아니었다면 몰랐을 친구들이 생겼습니다."

쥴리 존슨(Julie Johnson)은, 뉴저지 캠든에 있는 뉴저지주립수족관의 부관장 겸 최고 운영책임자이다. 프로그램에 대한 자세한 내용은 그의 "함께 탐구하는 과학 가족", 박물관 교육, Vol. 26, Nos. 2-3 (2002) 참고

개인차 수용하기

사려 깊은 계획과 설계는 청소년층과 장년층, 전문가와 전문 지식이 없는 사람들 양쪽 모두에게 강한 흥미를 불러일으킬 수 있다. 먼저, 모든 사람들이 보고 싶어하는, 예를 들어 바로 눈앞에서 습기를 잔뜩 머금은 토네이도가 발생하는 것과 같은, 아주 흥미롭거나 아름다운 실험이나 현상을 선택해 보라. 초등학생들이 도움 없이 할 수 있는 시각, 촉각, 청각, 행동 그리고 스토리를 아우르는 최소한 하나의 확실한 탐구방법들을 제공하라. 이럴 때 비록 정도의 차이는 있지만 대부분의 어른과 아이들이 바로 탐구를 하게 된다.

또한 더 깊이 탐구하고자 하는 방문객을 위해 여러 단계의 해석을

제공할 수 있다. 예를 들어, 회전 속도와 같은 변수를 바꾸어 달라진 결과를 보기 위한 추가 장치를 도입하거나, 또는 지역 기상 현황이나 토네이도의 신화(자신의 아이에게 재해석하여 들려주고 싶은 어른들을 위한)와 관련된 추가적인 설명문을 제공할 수도 있다. 가까이에 있는 컴퓨터를 이용하여 지질학 또는 기상학에 대한 더 많은 그래프와 자료를 찾아보게 할 수도 있으며, 심지어 질문에 바로 답할 수 있는 사람을 배치할 수도 있다.

그러나 모든 방문자들이 이런 모든 단계를 이용하지는 않을 것이고 그러리라고 기대해서도 안 된다. 오히려 관람객들이 전시관을 방문하여 그들의 흥미와 선호도에 부합하는 자료를 만날 수 있게 되기를 기대해야 한다. 어떤 특정한 설명 자료나 전시물 앞에서 관찰해보면, 대부분의 관람객들이 이들을 무시하고 지나치는 것처럼 보인다. 그러나 한 (성인) 관람객의 전체 동선을 따라가 보면, 자신이 선택한 몇 군데의 장소에 오래 머물면서 설명문을 끝까지 읽거나 동영상이나 전산화된 전시에 10분 이상의 시간을 보내는 것을 알 수 있다.

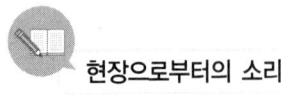 현장으로부터의 소리

과학센터 회원의 특징

••• 리차드 툰(Richard Toon)

과학센터의 회원들은 일반 관람객들에 비해 더 자주 그리고 다른 방식으로 센터를 방문하며, 그들이 가입한 기관과 특별한 관계를 갖는다. 애리조나 과학센터(ASC)[5]에는 13,000이 넘는 회원 가정이 있다. 가장 인기 있는 회원 구성은 4인 가족이다. 회원 방문 통계는 다음과 같은 중요한 사실을 보여준다. 어느 하루를 놓고 보면 전체 방문객 중 회원들이 차지하는 비율은 매우 낮지만, 회원들은 상대적으로 여러 차례 방문한다는 것이다. 예를 들어, 2001-2002 회계연도에 회원들은 대략 77,000번 방문하였는데 이는 전체 방문의 15% 정도에 해당한다. 센터의 설문조사에서 비회원들이 전년도에 센터를 2번 이하로 방문했다고 응답한 데 비해, 회원들은 평균 6번 센터를 방문했다고 응답하였다.

적은 비율이긴 하지만, 과학센터를 방문하지 않는 회원들도 있다. 이러한 "불참" 집단의 회원들은 개인적으로 참가하지는 않고 단순히 센터의 미션을 지원한다. 참가 집단의 회원들은 매우 활동적이다. 소식지를 통해 정보를 얻은 그들은 특히 새로운 기획전시, 영화, 천체 쇼에 정기적으로 방문하고, 수업, 워크숍, 그리고 그들을 위해

---

[5] Arizona Science Center

특별히 계획된 행사의 참가자 중 대다수를 차지한다.

회원들은 과학센터가 제공해야하는 것에 대한 선행 투자를 해야 하기 때문에 비회원 관람객들과는 다르다. 애리조나 과학센터의 경우, 대부분의 회원은 첫 번째 방문 때 회원권을 구매하는데, 이때 가족들은 앞으로 1년 동안 얼마나 더 방문할 수 있을지, 다양한 할인과 혜택으로 구성된 패키지가 얼마나 매력적인지 계산한다. 이는 가족의 일원 중 한 명, 특히 두 자녀를 가진 어머니가 스스로 '가족과 나에게 사회적으로, 감성적으로, 교육적으로 좋은 경험인가?', '우리가 충분히 자주 올 것인가?'와 같은 질문을 하는 것을 의미한다. 이러한 자주 적인 선택을 하는 사람들은, 그런 선택을 하지 않는 같은 중소도시나 대도시의 비회원들보다 사회 경제적 지위가 높고, 인종적으로 다양하지 않고, 더 교육받았고, 더 연장자인 경우가 많다. 재가입 비율은 과학센터가 얼마나 그들의 역할을 잘 완수했는지를 보여주는 척도이다. ASC에서, 회원들의 재가입율은 보통 50% 이상이다. 재가입 결정은 과거에나 미래에나 '나는 지난해에 센터에서 제공한 것들을 즐겼는가, 앞으로도 다시 방문할 이유를 찾을 수 있는가'와 같이 처음 가입할 때와 비슷한 계산을 통해 이뤄진다.

회원들은 과학센터의 가장 목소리가 큰 지지자이자, 가장 냉혹한 비평가이기 때문에 다르다. 애리조나 과학센터에서는 평균적으로 회원들이 비회원들보다 기획전시를 즐기고 반가워하며, 특히 새로운 전시, 영화, 천체 쇼의 회원전용 시연을 좋아한다. 이는 두 가지 목적을 가진다. 즉, 애리조나 과학센터 지지자들에게 무언가 특별한 것을 제공함과 동시에 입소문을 통해 일반 대중 사이에 더 폭넓은 관심을 만들어내는 것이다. 입소문은 변함없이 가장 중요한 방법으로, 관람객의 40% 이상이 입소문을 통해 새 전시에 관해 들었다고 말한다. 회원들은 새롭고 변화된 전시물을 환영하면서도, 그들이 오랫동안 좋아했던 것을 보기 원하며, 예를 들어, 열기구가 일시적으로 치워지거나 작동하지 않으면 매우 비판적이 될 수 있다. 또한 그들은 "그들의" 편의 시설에 대한 유지와 전반적인 상황에 대해 목소리를 높인다. 따라서 애리조나 과학센터는 회원들이 기대하는 만큼의 양질의 경험을 제공함과 동시에 새로운 매력과 재방문의 이유를 지속적으로 추가해야만 한다.

회원들은 다르게 방문하기 때문에 또한 다르다. 그들은 비회원들보다 길 찾기와 전시장과 활동들에 대한 선택에 시간을 덜 쓴다. 요컨대 그들의 방문은 보다 집중적이다. 그들은 "모든 것을 보기" 위해 오는 것이 아니라, 그들이 보고 싶은 전시물, 전시, 그리고 다른 활동들을 미리 선택한다. 덜 특별하기는 하지만, 회원들은 과학센터에 머무는 시간이 짧으며 기념품점이나 식당에서 돈을 적게 쓰는 경향이 있다.

마지막으로, 회원들은 직원과 방문객들 사이를 연결하기 때문에 다르다. 많은 수의 회원들이 자원봉사자가 되며, 자원봉사자들 중 일부는 그들의 시간을 기부함으로써 무료 회원 자격을 얻는다. 직원 회원과 그들의 가족들 역시 회원이다. 회원들은 실질적인 면에서 우리이기 때문에 다르다.

리처드 툰은 피닉스에 있는 애리조나 과학센터의 연구 과학자이다.

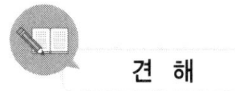
견 해

과학관 관람객 분석

••• 로저 마일스(Roger Miles)

「금세기를 위한 과학센터」에서 발췌한 본 글에서 로저 마일스는, 유럽과 미국에서 발간된 관람객에 대한 문헌 연구를 바탕으로, 전형적인 과학관 방문객의 일반적인 형태를 제공한다. 그는 소위 말하는 평균적인 관람객들이 "실제 존재하지 않는다"라고 언급했지만, 그 개념은 과학관 기획에 있어서 유용하다.

관람객의 동기와 기대

데이비스(Davies, 1994)는 영국 성인들의 20%는 좀처럼 박물관(과학관 포함)을 찾지 않으며, 40%는 최소한 일 년에 한 번은 방문하는 정기적인 관람객이고, 나머지 40%는 기회가 주어지면 찾아오는 간헐적인 관람객들이라고 추정하였다. 과학관에 오지 않는 사람들에 대해서는 수많은 연구가 있었으며(Hood, 1983; Prince, 1990; Merriman, 1991), 관람객들이 교육, 사회적 지위 및 직업에 있어서 전반적으로 일반적인 인구 구성과는 다르다는 것은 잘 알려져 있다(Kelly, 1987). 이 글에서는 이러한 사안들에 대해서는 다루지 않을 것이다.

포크와 디어킹(Falk & Dierking, 1992: 62)은 자신들이 보고 싶어

하는 것을 이미 알고 있는 자주 방문하는 관람객들은 처음 방문하거나 가끔 방문하는 관람객들보다 더 짧고 더 목적 지향적인 방문을 한다고 주장했다. 즉 그들은 "진지한 쇼핑객들"이라고 주장했다. 하지만 반대로 다이아몬드(Diamond, 1986)는, 샌프란시스코의 익스플로라토리움과 캘리포니아 버클리의 로렌스과학홀(Lawrence Hall of Science)을 찾는 가족단위 관람객들의 행동에 대한 참여 관찰을 통해, 반복해서 오는 관람객과 처음 오는 관람객 사이에 큰 차이가 없다는 것을 발견하기도 했다. 우리는 일반적인 과학관 전체에 자주 오는 관람객과 어느 특정한 과학관에 자주 오는 관람객을 구분하는 데 주의해야 한다. 전체 과학관을 자주 찾는 관람객과 특정 과학관을 찾는 관람객이 과학관에서 행하는 일반적인 태도에 큰 차이가 있다는 증거는 없다. 다른 말로 얘기하면, 정기적으로 자주 찾는 관람객들과 "진지한 쇼핑객"은 겹치기는 하지만 같은 것은 아니다.

관람객에게 과학관을 방문하는 이유를 묻는 조사는 많이 있었으나, 명확하거나 일관된 응답을 얻지는 못했다. 알트(Alt, 1980)는 "일반적인 관심과 호기심"이 런던자연사박물관 관람객들의 가장 일반적인 방문 이유라는 것을 발견하였으며, 데이비스(Davies, 1994)는, 영국 과학관들에 대한 광범위한 조사에서 교육이 주된 방문 이유가 아니라는 것을 밝힘으로써 이 점을 지지했다. 하지만 리우(Rieu, 1988: 128)는 프랑스 뮐루즈(Mulhouse)에 있는 과학과 기술 박물관들의 관람객에 대한 연구에서, 23%의 관람객이 과학관에 교육 때문에 방문하는데 이러한 응답이 확실하고 명백하며 독일, 영국, 미국 그리고 캐나다에서 얻어진 결과들과도 일치한다고 주장했다. 비어(Beer, 1987)는 로스앤젤레스 카운티에 있는 10개의 과학관에서 수행한 자연적 연구(Naturalistic Study)[6]에서, 53%의 관람객들이 정보를 얻기 위해 과학관을 방문하지만, 결정적으로 그들의 행동과 다른 관람객들의 행동은 거의 차이가 없었다는 것을 발견하였다.

켈리(Kelly, 1987)는 "전통적인 관람객"과 "새로운 관람객"으로 구분하였다. 이러한 구분은 자주 오는 관람객과 이따금씩 오는 관람객의 구분에는 잘 들어맞지만, "구경만 하는 쇼핑객"과 "진지한 쇼핑객"을 구분하는 것에는 딱 들어맞지는 않는다. 전통적인 관람객은 어렸을 때부터 과학관을 방문함으로써 과학관을 즐기며 과학관에서 어떤 일이 일어나고 있는지를 이해한다. 새로운 관람객들은 자신들이 "거기 다녀왔다"라고 말할 수 있기를 원하는(Kelly, 1992:25) 순례자 또는 문화관광객이다. 그들에게는 과학관에 다녀왔다는 것이 거기에서 무엇을 배웠다거나 무엇을 얻어왔다는 것보다 더 중요하다. 참여 그 자체가 바로 목적인 것이다.

대중 매체의 맥락 안에서 과학관을 바라보면 관람객의 동기를 더 멀리 조망할 수 있다. 맥퀘일(McQuail, 1994: 320)은 그의 "활용과 만족"에 대한 접근을 개정했는데, 청중이 매체에서 찾고자 하는 것이 무엇인지, 매체 활용에 대한 14가지 동기와 매체 활용을 통한 만족을 제시하였다. 이러한 항목들이 서로 다른 시기와 서로 다른 관람객들을 갖는 모든 과학관에게 유효하다고 믿는다.

---

[6] 대상이나 현상을 가능한한 간섭이 배제된 자연 상태에서, 때로는 장기간에 걸쳐, 어떤 행동이나 현상을 매우 주의깊게 관찰하고 기록하는 연구 형태

- 정보와 조언을 얻는 것
- 사회적 접촉을 대신하는 것
- 사회와 세상에 대해 배우는 것
- 다른 사람들과 연결되어 있다고 느끼는 것
- 자신의 가치관을 찾는 것
- 문제와 걱정으로부터 벗어나는 것
- 사회적 접촉의 기초를 갖는 것
- 시간을 보내는 것

위에서 언급한 대부분의 연구에서 지적하듯이 이 목록은 우리로 하여금 관람객들이 열정적이고 자기개발을 중시하는 사람들로 구성되어 있다고 기대하지 말라고 경고한다.

과학관을 방문하기로 결정한 뒤에 관람객들은 전시에 대해 무엇을 바라고 기대할까? 알트와 쇼(Alt & Shaw, 1984)는, 런던 자연사박물관의 인류생물학홀(Hall of Human Biology)에서 이 질문에 대해 연구하였다. 그들은 일련의 관람객들에게 전시장의 45개 전시물들의 전시 특징을 나열하도록 하였다. 그리고 다른 일련의 관람객들에게는 이러한 특징들이 그 전시장의 특정 전시물에 적용되었는지 또한 자신들이 생각하는 이상적인 전시물에 적용되었는지 물었다. 이러한 조사는 연구자들로 하여금 전시가 가져야 하는 긍정적인 특징에서 중립적인 것을 거쳐 전시가 가져서는 안 되는 부정적인 특징까지를 파악할 수 있게 해주었다(표1).

표1. 이상적 전시물 특징의 관계

긍정적 특징	중립적 특징	부정적 특징
주제와 삶을 연결	참여하게 함	위치가 좋지 않거나 알아차리기 힘듦
요점을 빠르게 전달	주제를 다루는 데에 있어 교과서보다 나음	정보를 충분히 제공하지 않음
모든 연령대가 공감하는 무엇인가가 있음	예술적임	다른 전시물에 의해 주의가 산만해짐
기억할만함	어려운 주제를 쉽게 함	혼란스러움

출처 : ALT & SHAW, 1984

알트와 쇼는 하나의 전시에 대한 연구를 바탕으로 하였으므로, 자료의 일부(예를 들어, 다른 전시에 의해 주의가 산만해짐)는 그 전시만의 특이한 상황을 반영하고 있는지도 모른다. 하지만 그릭스(Griggs, 1990)는, 알트와 쇼가 사용했던 것과 같은 방식으로 자연사박물관의 7개 전시물을 비교 연구하여, 자신이 행한 연구의 주요 결과들을 바람직스러운 특징과 바람직스럽지 않은 특징으로 다음과 같이 요약하였다(표2).

표2. 전시의 바람직스러운 특징과 바람직스럽지 않은 특징

바람직스러운 특징	바람직스럽지 않은 특징
명확한 시작과 동선	불충분한 설명
현대적인 전시기법	관람객과 전혀 동떨어진 내용
친숙한 사물과 경험을 통한 의미 전달	고가의 성인 비용으로 아이들에게 접근
사물의 포괄적인 전시	전통적이며 오래된 스타일

출처 : GRIGGS, 1990. 각각의 열은 중요도가 떨어지는 순서로 독립적으로 구성한 것임

알트와 쇼, 그리고 그릭스의 연구에서 평균적인 관람객은 많은 노력을 필요로 하지 않으며, 자신의 삶에 즉각적으로 연관이 있는 지적으로 수동적인 경험들 그리고 관람객 구성원 모두를 위한(적어도 가족의 경우에는) 무엇인가를 원함을 시사한다. 이는 영국의 과학관 관람객들은 그들이 가끔 오는 관람객이건 자주 오는 관람객이건 상관없이 누구나 하루를 즐겁게 보낼 수 있는 경험을 원하지 무엇인가 배울 기회를 원하지는 않는다는 데이비스(1994)의 연구 결과와도 일치한다.

머무는 시간

대부분의 과학관들은 매년 관람객 수를 기록하는데, 영국 국립박물관 및 미술관(Britain's National Museums and Galleries)의 관람객에 대한 통계는 의회 공식보고서인 의회의사록에 기록된다. 이들의 정치적 중요성(예를 들어, 관람객당 운영비용, 혹은 입장료를 받는 박물관과 무료입장 박물관의 비교 등)은 차치하고서라도, 이러한 수치는 박물관 마케팅(참조; Davies, 1994)과 수입을 예측하는 데 활용될 수 있다. 이러한 자료는 비록 무료입장객의 경우 약간 신뢰성이 떨어지긴 할지라도 상대적으로 얻기 쉬운 자료이다.

관람객 수는 짧게 머무르는 사람(예를 들어, 화장실을 이용하기 위해 5분간 머무르거나 커피 한 잔을 위해 30분 정도 머무는 사람들)과 전시물을 보기위해 2시간씩 오래 머무르는 사람을 구분하지 않는다. 따라서 많은 목적을 위한 관람객 수는 제한적인 가치를 갖는다. 예를 들어, 연간 1,000명이 찾는 과학관의 관람객들이 평균 20분을 머무른다면 이 과학관은 시간당 333명의 관람객이 찾는 것이 되는데 반해, 어떤 과학관에 연간 500명이 찾아오고 이들이 평균적으로 1시간씩 머무른다면 이 과학관은 시간당 500명이 찾는 것이 된다. 비록 수치상으로만 봤을 때는 연간 1,000명이 찾는 과학관이 더 분주하겠지만 실제로는 그렇지 않다. 따라서 현재 기록된 대로의 관람객 수는 손상을 예측하거나, 전시물 주변에 얼마나 많은 예비공간을 두어야 할지를 결정하거나, 적당한 화장실과 식당 좌석의 준비 계획, 그리고 잠재적인 교육효과를 논의하기 위한 충분한 자료를 제공하지는 못한다.

비록 추출해내기는 어렵더라도, 시간당 관람객 수가 전체 관람객 수보다 더 유용한 통계라고 생각하며(Haeseler, 1989), 전체 관람객 수는 시간당 관람객 수 없이는 의미가 없다고 생각한다. 과학관 문헌 중에서 특정 과학관에 관람객들이 얼마나 머무는지에 대한 연구는 있지만, 이를 주제로 한 일반적인 논의는 없다. 영국 과학관 방문객 수와 빈도에 대해 많은 논의를 한 두 개의 주요 연구(Merriman, 1991; Davies, 1991)가 있으나, 이들이 관람객들이 과학관에서 얼마나 시간을 보내는지에 관해서는 아무것도 의미하는 바가 없다는 것을 발견하였다. 이는 꽤 중요한 차이인데, 왜냐하면 관람객이 과학관에서 보내는 시간은 그들이 어떻게 전시와 연계되는지, 특히 오늘날의 맥락에서 전시를 통한 과학의 전파와 관련한 연구에 매우 중요하기 때문이다.

보룬(Borun, 1978)은 필라델피아의 프랭클린 과학관 및 천체관의 "전형적인 관람객"에는 두 종류가 있다고 했는데, 이들은 두 시간 정도 짧게 머무는 사람들과 세 시간에서 세 시간 반 정도 오래 머무는 사람들 두 종류라는 것이다. 그녀는 이들이 관람하는 전시물의 숫자가 각각 아홉에서 열한 개 그리고 열네 개라고 하였지만, 이에 대해 더 이상의 논의는 하지 않았다. 필자는 대규모 과학관에서 진행된 관람객 조사의 사례들을 통해, 관람객들은 평균적으로 두 시간에서 두 시간 반 정도 머문다고 추정한다. 하지만 우리는 관람객들이 어떻게 이 시간을 보내는지에 대해서는 잘 알지 못한다. 포크와 디어킹(Falk & Dierking, 1992)은, 약 25%를 가족 간 상호작용과 같은 사회적 맥락에 쓰며, 다이아몬드(Diamond, 1986)는 로렌스 과학관의 경우, 전체 관람 시간의 약 20% 정도를, 익스플로라토리움의 경우에는 약 8%를 전시공간이 아닌 곳에서 보낸다고 하였다. 그렇지만 이러한 수치들은 부분적으로 전시물의 규모와 수, 가용 시설들의 범위에 따라 결정되어야 할 것이다. 약간 망설여지기는 하지만, 기념품점과 식당을 갖고 있는 1만 제곱미터가 넘는 전시공간을 가진 대규모 과학관의 경우 관람객들은 머무는 시간의 약 절반 정도만 전시물을 관람하는데 쓴다고 결론내리고자 한다.

관람과정

원래는 육체의 피곤함을 의미하던(Gilman, 1916, 보스턴 미술관) '과학관 피로도(Museum Fatigue)'는 로빈슨(Robinson, 1928)과 멜튼

(Melton, 1935)에 의해 자세히 연구되었다. 그들은 그것이 육체적 원인보다는 심리적 원인에 기인하며, 이는 관람객들이 정보로 가득하게 되기 때문이라고 결론지었다. 과학관 피로도는 관람객의 과학관 방문을 이해하는 중심 개념이다.

로빈슨과 멜튼은 처음에 미술관에서 연구를 시작했는데, 이는 회화가 과학관의 전시물보다 더 적은 변수를 갖고 있다고 생각했기 때문이다. 그들의 작업은 관람객들에게 방해가 되지 않는 관찰을 기반으로 하였으며, 로빈슨은 실험실 실험도 병행하였다. 멜튼의 연구 중 많은 부분이 실험적이었는데, 전시장 벽에 전시된 그림의 숫자와 위치를 바꾸는 등의 변화를 포함하는 것이 그러한 예이다. 로빈슨은 하나의 그림에 대해 평균적으로 대규모 미술관(예를 들어 40개 전시장에 1,000개 정도의 그림이 있는)에서는 관람객 20명 당 1명 정도가, 소규모 미술관(6개 전시장에 150개 정도의 회화가 있는)에서는 관람객 3명 당 1명이 관람하는 것을 발견하였다. 심지어 작은 미술관에서조차 관람객들은 관람이 진행되면서 그림을 보기 위해 멈춰서는 빈도가 줄어들었고 머무는 시간도 짧아졌다. 이것이 바로 과학관 피로도를 드러내는 징표이다.

대부분 펜실베니아 미술관의 여러 전시장에서 일을 했던 멜튼은 이러한 결과들을 확인하였으며, 관람객들이 전시장에서 벗어나려고 하는 경향을 가지고 있다고 기록하였다. 따라서 입구와 출구 사이의 가장 짧은 동선 상에 있는 그림들이 가장 많은 주목을 받으며, 출구 쪽으로 갈수록 그림에 머무르는 시간은 점점 더 감소한다는 것이다. 그는 그림이 한 줄 더 추가되더라도 관람객이 감상하는 그림의 평균

개수와 전시장에 머무는 시간은 영향을 받지 않음을 발견하였다. 즉, 각각의 그림에 소요되는 평균시간은 이전보다 더 짧아지는 것이다. 이러한 결과들과 회화 및 가구의 진열에 대한 다른 연구 결과들로부터 멜튼은 과학관의 전시품들은 관람객의 주의를 끌기 위해 서로 경쟁을 하며, 이러한 경쟁은 같은 종류의 전시품들(즉, 그림과 그림) 사이에, 그리고 다른 종류의 전시품들(그림과 가구) 사이에서 모두 발생한다고 결론 내렸다. 멜튼(1936)은 뉴욕 과학·기술박물관(New York Museum of Science and Industry)에서의 실험연구, 그 중에서도 전시장에 새로운 강한 유인 요소, 예를 들어 현저한 역동적인 전시를 도입하는 효과에 대해 연구하여 관람객의 관심이 강한 유인 요소 및 주변의 전시물을 통해 어떻게 재분배되는지를 보였다.

로빈슨과 멜튼은 과학관의 전시실을 활발히 탐험하는 관람객들을 설득력 있게 묘사하였는데, 그들은 즉각적인 관심이 생기는 전시물 앞에서만 머무르고 자신의 시간과 에너지(정신적이건 신체적이건)가 소모되기 전에 무엇인가 흥미로운 것을 놓칠지도 모른다는 생각에 어느 한 곳에 오래 머무르지 않는다는 것이다. 이러한 결과는, 피바디 자연사 박물관(Peabody Museum of Natural History)의 포터(Porter, 1938), 미네소타 과학박물관 인류학홀(약 350제곱미터)의 콘과 켄달(Cone & Kendall, 1978), 그리고 이미 언급한 비어(Beer, 1987)에 의해 뒷받침 되었다. 보스턴 미술관에서 과학과 기술에 관한 전시를 연구한 바이스와 뷰터라인(Weiss & Boutourline, 1963)은 다음과 같이 기록하였다.

관람객들은 개별적인 각각의 전시물보다는 전시장 전체에 대한 감을 갖고 싶어 하는 것 같다. 만약 전시장에 특별히 매력적이거나 주목할 만한 것이 있다면 관람객들은 이를 더 자세히 확인하고 싶어 한다. 반면에 전시물이 이전에 봤던 어떤 것과 유사하면 관람객들은 전시물이 자신들 동선에 가로질러 있지 않는 한 그냥 지나치는 경향이 있다.

다이아몬드(1986) 또한 9,700제곱미터에 달하는 익스플로라토리움과 4,300제곱미터에 달하는 로렌스 과학관에 대한 연구에서, 관람객들은 전시물에 선택적으로 접근하며 자신들이 오래 머물 특정한 관심 전시물을 발견하기 전까지는 많은 전시물들을 매우 간단하게 지나친다는 것을 발견하였다. 관람객들은 약 절반 정도의 전시물에 1분 이하의 시간을 보냈으며, 18%의 전시물에 3분 또는 그 이상의 시간을 보냈다. 관람이 계속되면서 오래 머무는 전시물은 점점 더 줄어들었다. 그녀는 단체관람객은 방문시간 동안 계속 같이 있는 경향이 있으며, 같이 온 일행들 간의 상호작용이 학습을 이끌어냄을 발견하였다. 여러 연구에서 관람객들이 전시물을 보는 평균 시간, 즉 전시물을 보기 위해 사용된 총 시간을 전시물의 수로 나눈 값들을 기록하고 있다. 비어(Beer, 1987)는 여러 자료로부터 전시물 관람의 평균시간을 10초에서 40초 사이라고 하였는데, 과학관 직원들은 보통 30초라고 추정한다.

포크 등(Falk, 1985)은 좀 더 적극적으로 플로리다 주립 자연사 박물관(Florida State Museum of Natural History)의 관람객들을 관찰

하였는데, 관람이 진행되면서 전시물에 대한 집중도가 떨어지는 것을 보다 자세하게 알 수 있었다. 관람객들은 처음 도착해서 몇 분간의 시간을 주위를 살피는 등 초기 준비에 보내다가, 약 30분간 전시물을 집중해서 보고난 다음, 나머지 전시물 사이를 돌아다니다가 가끔 어떤 것을 더 자세히 보기 위해 멈춰 설 뿐이었다. 많은 과학관 직원들은 역동적이고 직접 체험할 수 있는 전시물이 관람객의 경험을 변화시킬 수 있다고 생각한다. 힐크(Hilke, 1989)는 대규모 자연사박물관을 찾은 가족단위 관람객에 대한 연구에서, 관람객들은 체험형 전시장보다는 전통적인 방식의 전시장에서 멈추지 않고 지나가면서 전시물을 관람(움직이면서 보는 행동)한다는 것을 발견하였다. 그렇지만 포크 등(Falk, 1985)은 플로리다 박물관에서의 관람객의 행동은 전시형태에 영향을 받지 않는다고 하였다. 즉, 수동적 전시물과 능동적 전시물에 대한 행동이 같았다는 것이다. 비록 관람객들이 초기에 만나는(아마도 입구에 가까운) 전시물을 더 자세히 보는 것 같지만, 다이아몬드(1986)는 어떤 특정한 전시물에 머무르는 것은 "상대적으로 개별적인 선택"이라고 주장한다. 이러한 선택은, 다른 사람들이 흥미를 보이는 것에 끌릴 수 있기 때문에 다른 관람객의 행동에 의해 영향을 받을 수도 있다(코란 등, 1988; 니케트, 1994).

관찰조사가 포함된 한 연구에서 레바소이어와 베론(Levasseur & Veron, 1984)은 파리에 있는 퐁피두센터(Pompidou Centre)에서 1860~1962년에 열렸던 "프랑스에서의 휴가"(Holidays in France) 전시회에 방문했던 관람객을 개미, 나비, 물고기, 베짱이와 같이 4개의 부류로 구분했다. 이러한 용어들은 관람객들이 머무는 시간, 멈추는 횟수,

공간에서의 움직임에 기반하며 관람전략을 묘사하는데, 이는 "진지한 쇼핑객"의 행동과 "구경만하는 쇼핑객"의 평균적인 관람과 명확하게 일치하는 부분이 있다. 하지만 이 네 가지 전략이 퐁피두센터를 찾은 관람객의 전반적인 행동과 어떻게 연관되는지 알지 못하며, 이는 레바소이어와 베론의 결과에 대한 가치를 한정짓고 있다.

관람객들이 휴식을 취하거나(Jean Cooper, 개인적 소통) 혹은 특별하게 주의를 끌거나 흥미를 끄는 전시물에 반응함으로써(Yoshioka, 1942; Beer, 1987; Stevenson, 1991; Klein, 1993) 관람이 진행되면서 흥미를 잃는 경향을 일시적으로 뒤집을 수도 있을 것이다. 하지만 평균적인 관람 방식을 뒤집을만한 증거는 없다.

종합

위에서 언급된 연구들은 평균적인 방문과 평균적인 관람객의 탐구 행동에 대해 다음과 같은 그림을 제공해준다.(참조 : Miles & Tout, 1991, 1993; Treinen, 1993)

관람객들은 여가 시간에 종종 가족이나 친구들과 함께 찾아오며, 관람 중에 자신들의 계획을 자유롭게 수립하거나 수정한다. 그들은 잘 정의된 교육 목적을 지닌 일편단심의 학습자들이 아니다. 방문객들은 어떤 전시물을 관람할 것인지, 얼마나 오랫동안 관람할 것인지를 선택하며, 자극과 함께 쉽게 관련될 수 있는 의미를 구하며, 자신들의 노력에 대한 빠른 보상을 원한다. 과학관 기념품점, 식당, 화장실뿐 아니라 소문, 아이들을 관리하는 것, 다른 관람객들을 관찰하는 것

등이 관람객의 주의를 끌기 위해 전시물과 경쟁하는 것들이다. 전체적으로 두 시간에서 두 시간 반 정도 이상 머무르는 관람객은 거의 없으며, 아마 이 시간 중 약 절반 정도만 전시물을 관람하는데 사용된다. 대부분의 사람들이 처음 방문하거나 자주오지 못하기 때문에 관람객들은 과학관의 모든 것을 보고 싶어 한다. 따라서,

- 관람객들은 전시장에 있는 대부분의 시간 동안 이동하며, 개별 전시물을 공부하기 보다는 전시물 전체에 대한 감을 얻고 싶어 한다.
- 전체적으로 전시물들을 간략하게 보며(보지만 자세히 보지는 않음) 어느 정도의 시간 동안 관람객들의 관심을 끄는 전시물은 몇 개 되지 않는다.
- 많은 전시물이 무시된다. 즉, 그냥 지나치는 비율이 높다(Beer, 1987)
- 관람시작 후 처음 30분에서 45분 동안 보는 전시물에 가장 많은 관심을 보이고, 갈수록 전시물 앞에 자주 멈추지 않고 관람 시간도 짧아지며, 관람이 마무리 되어 갈수록 멈춰서는 횟수가 점점 줄어든다.

로저 마일스는 1975년부터 1994년까지 런던 자연사박물관의 전시 및 교육과의 과장으로, 혁신적인 멀티미디어 전시물의 시리즈를 책임지고 있었다. 박물관, 방문객 연구, 전시 디자인 등 폭넓은 영역의 저서를 출간하였다. 이 글은 허가를 얻어 버나드 쉴라와 엠린 코스터가 *금세기의 과학센터Science Centers for This Century*를 재인쇄한 것으로, 모든 저작권은 퀘벡 세인트-포이에 있는 Editions MultiMondes에 있다.

참고문헌

Alt (M. B.). 1980. "Four years of visitor surveys at the British Museum (Natural History) 1976-79". *Museums Journal*, 80, pp. 10-19.

Alt (M. B.), Shaw (K. M.). 1984. "Characteristics of ideal museum exhibits." *British Journal of Psychology*, 75, pp. 25-36.

Beer (V.). 1987. "Great expectations: Do museums know what visitors are doing?" *Curator*, 30(3), pp. 206-215.

Borun (M.). 1978. *Measuring the Immeasurable: A Pilot Study of Museum Effectiveness*. Washington (DC): The Association of Science Technology Centers, 2nd edition.

Cone (C. A.), Kendall (K.). 1978. "Space, time, and family interaction: visitor behavior at the Science Museum of Minnesota." *Curator*, 21 (3). pp. 245-258.

Davies (D.). 1994. *By popular demand: A strategic analysis of the market potential for museums and art galleries in the UK*. London: Museums & Galleries Commission.

Diamond (J). 1986. "The behavior of family groups in science museums." *Curator*, 29(2), pp. 139-154.

Falk (J. H.), Dierking (L. D.). 1992. *The Museum Experience*. Washington (DC): Whalesback Books.

Falk (J. H.) et al. 1985. "Predicting visitor behavior". *Curator*, 28(4), pp. 249-257.

Gilman (B. I.). 1916. "Museum fatigue." *The Science Monthly*, 12, pp. 62-74.

Griggs (S. A). 1990. "Perceptions of traditional versus new style exhibitions at the Natural History Museum." *ILVS Review*, 1(2) pp. 78-90.

Haeseler (J. K.). 1989. "Length of visitor stay," pp. 252-259 in Visitor Studies: Theory, *Research, and Practice*, Vol. 2, directed by S. Bitgood, J. T. Roper Jr. & A. Benefield. Jacksonville (AL): Center for Social Design.

Hilke (D. D.). 1989. The family as a learning system: an observational study of families in museums. In Butler, B. H. & Sussman, M. B. (eds), *Museum visits and activities for family life enrichment*. New York and London: Haworth Press.

Hood (M. G.). 1983. "Staying away: Why people choose not to visit museums." *Museum News*, 61(4), pp. 50-57.

Kelly (R. F.). 1987. "Museums as status symbols II: Attaining a state of having been," pp. 1-38 in *Advances in Non-Profit Marketing*, directed by R. Belk. Greenwich (CT): JAI Press.

Kelly (R. F.). 1992. "Museums as status symbols III: A speculative examination of motives among those who love being in museums, those who go to 'have been'and those who refuse to go," pp. 24-31 in *Visitor Studies: Theory, Research, and Practice*, Vol. 4, directed by A. Benefield, S. Bitgood, H. Shettel. Jacksonville (AL): Centre for Social Design.

Klein (H. K.). 1993. "Tracking visitor circulation in museum settings." Environment and Behavior, 25(6), pp. 782-800.

Koran (J. ?) et al. 1988. "Using modeling to direct attention." *Curator*, 31(1), pp. 36-42.

Levasseur (M.)i' Veron (E.). 1984. In Blanquart, P. & Carrier, C. (eds), *Histoire d'Expo*. Centre decreation Industrielle, Centre George Pompidou: Paris, pp. 29-32.

McQuail (D.). 1994. *Mass Communication Theory: An introduction*. London: Sage Publications, 3rd edition.

Melton (A. W.). 1935. *Problems of installation in museums of art*. Washington (DC): American Association of Museums. (New series, 14).

Melton (A. W). 1936. "galleries in a museum of science and industry." *Museum News*, 14(3), pp. 6-8.

Merriman (N.). 1991. Beyond the Glass Case: *The Past, the Heritage, and the Public in Britain*. Leicester: Leicester University Press.

Miles (R. S.), Tout (A. F.). 1991. "Holding power: To choose time is to save time." ASTC News-letter, 19(3). pp. 7-9.

Miles (R. S.), Tout (A. F.). 1993. "Exhibitions and public understanding of science."pp. 27-33 in *Museums and the Public Understanding of Science*, directed by J Durant. London: Science Museum, pp. 27-33.

Niquette (M.). 1994. "Quand les visiteurs commuriquent entre eux: la sociabilité au musée." *La Lettre de L'OCIM*, 36, pp. 20-28.

Porter (M. C. B.). 1938. *Behavior of the average visitor in the Peabody Museum of Natural History Yale University*. Washington (DC): American

Association of Museums. (New series, 16).

Prince (D. R.). 1990. "Factors influencing museum visits: An empirical evaluation of audience selection." *Museum Management and Curatorship*, 9, pp. 149-168.

Rieu (A.-M.). 1988. *Les Visiteurs et leurs musées. Le cas des musees de Mulhouse*. Paris: La Documentation franÿaise.

Robvnson (E. S.). 192S. *The Behavior of the Museum Visitor*. Washington (DC): American Association of Museums. (New series, 5).

Stevenson (J). 1991. "The long-term impact of interactive exhibits." *International Journal of Science Education*, 13(5) pp. 521-531.

Treinen (H.). 1993. "What does the visitor want from a museum? Mass-media aspects of museology," pp. 86-93 in *Museum Visitor Studies in the 90s*, directed by S. Bicknell & G. Farmelo. London: Science Museum.

Weiss (R. S.). Boutourline (S.). 1963. "The communication value of exhibits." *Museum News*, 42(3), pp. 23-27.

Yoshioka (J. G.). 1942. "A direction-orientation study with visitors at the New York World's Fair." *The Journal of General Psychology*, 27. pp. 3-33.

III

전시물과 프로그램 기획하기

III. 전시물과 프로그램 기획하기

미션과 대상 관람객이 명확해지면, 이제 과학센터에서 의도하는 경험을 관람객에게 제공해주기 위한 전시와 프로그램을 정의해야 한다. 초창기에는 과학센터의 지도자들이 자신의 경험을 기준으로 전시물과 프로그램의 내용과 형식을 직관적으로 정하는 경향이 있었다. 이들은 놀라운 관찰, 즐거운 이야깃거리, 의미 있는 교류, 전체 시스템에 대한 만족과 같은 관람객의 관심에 보상하는 또는 최고의 경우 이들 모두를 보상할 수 있는 전시물과 프로그램을 개발해 왔다.

과학센터의 수가 많아지고 광범위한 분야의 사람들의 노력으로 교육적 이론과 연구에 근거한 전시물과 프로그램의 개발이 증가하게 되었다. 학습에 대한 사회문화적 접근은 특별히 과학센터의 운영에 적용될 수 있다. 다른 이론들은 고립된 상태에 있는 학습자 또는 교사로부터 학생에게 지식이 전달되는 방법에 초점을 두었다. 하지만 사회문화적 이론에 따르면 전시물과 만나고 사람들과 상호작용하는 것이야말로 학습자의 이해를 발전시키는데 자극이 된다. 사회문화적 이론은 과학관의 사회적 맥락과 세 인자, 즉 기획자의 행동, 그들이 표현하는 것을 발견하기 위한 도구와 활동, 방문객의 사고와 기대 사이에 진행되는 상호작용에 주의를 집중한다.[1]

이에 따르면, 과학관 콘텐츠 개발자들이 소통을 위한 출발점을 발견하기 위해서는 관람객들이 무엇을 알고 있고, 무엇을 모르고 있으며, 어떠한 것들에 관심이 있고, 무엇을 잘못알고 있는지에 대해 관심을 기울여야 한다고 주장한다. 최근 십 년간 전시물과 프로그램 개발자들은 과학 소통의 목표를 정하기 위해 초점 집단[1]이나 다른 연구 기법들(총체적으로 '선제 평가'[2]라 알려진)을 사용하기 시작했다.[2]

비록 각각의 개발 과제가 각기 다른 개념적 난제들을 보여 왔지만, 사회문화적 이론은 과학센터에서 하는 모든 일에 폭넓게 적용될 수 있는 확실한 소통 전략이 됨을 보여주고 있다. 이러한 관점에서 전시물과 프로그램은 다음과 같아야 한다:

- 진지한 놀이, 실수와 다른 사람들로부터 배울 수 있는 기회를 제공해야 한다.
- 실제 세계의 일, 환경, 상호작용을 사람들에게 보여주어야 한다.
- 정교한 사고와 추론을 위한 인식론적 도구들을 제공해야 한다.
- 관람객이 스스로 확인할 수 있도록 해야 한다.

전시물과 프로그램 개발자는 그래픽, 배치, 시연, 그리고 체험활동의 선택에서 이들 전략을 달성하기 위한 모든 기회들을 찾아야 한다.

---

1) Focus Group : 시장 조사나 여론 조사를 위해 각 계층을 대표하도록 뽑은 소수의 사람들로 이뤄진 그룹
2) Front-End Evaluation : 전시의 제약 조건이나 아이디어를 점검하고 잠재 관람객 계층을 분석할 목적으로 전시가 제작되기 전이나 전시 디자인이 기획되기 전에 실시하는 평가

이 장의 나머지 부분에서는 좋은 과학 경험을 제공하는 전시물과 프로그램을 만드는데 영향을 주는 조직적 논점에 대해 논의할 것이다.

선택하기

과학에 대한 모든 것을 어느 한 건물에 갖춰 놓을 수는 없는 것이므로, 전시물과 프로그램이 보여줄 현상이나 아이디어 선택에 대한 근거가 필요하다. 이를 위해 이용 가능한 과학 전문가의 의견, 재정, 교육적 이득을 포함하는 많은 요소를 생각할 수 있을 것이다. 당신의 과학센터가 무엇을 해야 할지에 대해 지역사회의 여러 관계자들, 즉 교육자, 지역 산업체, 지역 대표 등과의 아이디어 회의를 가질 수도 있다. 당신의 목표는 과학관의 내용과 방법에 대한 하나의 비전을 만들어서 관장 혹은 그 누군가 그러한 역할을 수행하는 사람이 실행할 수 있도록 하는 것이다.

몇몇 과학센터들은 예를 들어 건강 과학과 같은 그들의 미션 내에서 하나의 내용을 집중적으로 다루기도 한다. 대부분은 보다 더 일반적인 물리학, 생명과학, 기술과 같은 전문 분야를 범위에 넣는다. 하지만 이러한 일반적인 범주 안에서도 내용에 대한 선택은 이루어져야만 한다.

콘텐츠

많은 주제들이 체험 탐구 방식(Hands-on Investigation)으로 진행된다. 이것은 적당한 기구와 적절한 도움을 통해 관람객들이 흥미로운 현상과 아이디어를 반복적으로 탐구해 볼 수 있는 것이다. 과학센터를 계획하는 사람들은 자신들의 환경에서 제공할 수 있는 독특한 것이 무엇인지, 어떤 경쟁력 있는 것들을 제공할 수 있는지, 주된 지지층이 무엇에 관심 있어 하는지, 일반대중들은 어떤 것을 중요시 여기는지, 또 그들 스스로가 매력이 있다고 여기는 분야는 무엇인지를 고려하여 자신들의 콘텐츠를 선택할 수 있다. 궁극적으로 이는 결국 전시 매체의 지식에 바탕을 둔 개인적 선택으로 귀결된다. 새로운 과학센터는 주요 직원들(센터 내의 과학자 및 교육자들)이 가장 관심 있고 자신 있어 하는 주제를 가지고 최선의 작업을 하게 될 것이다.

구성

어떤 과학센터에서는 "실험" 혹은 "소통"과 같은 테마로 연관된 주제들을 분류하여 상호 간에 관련된 전시물과 프로그램을 구성한다. 어떤 과학센터들은 이와는 반대의 방침을 채택하여, 수많은 상호 작용의 대형 상가 분위기를 제공하기도 한다. 어떤 과학센터들은 인간 복제와 같이 스토리라인이 있는 주제를 선택하기도 한다. 이러한 소통의 목적은 정보 전달(역사박물관이나 자연사박물관 전시에서 흔한)을 포함할 수 있어서, 모형이나 문자 패널 나아가 체험 지향 접근법과 같은 전통적인 박물관에서의 방법을 사용할 수 있음을 시사한다. 또한 어떤 기관들은 포괄적인 주제 내에서 과학적·기술적 주제를 혼합하기도 한다.[3]

관람객들은 이러한 주제를 알아차리고 이를 이용하여 자신들의 방문을 체계화하거나, 혹은 자신들의 경험을 개념화 시킬 수 있는가? 관람객들은 어느 한 주제를 다른 것보다 더 선호하는가? 이 분야 연구의 대부분은 개별 전시물의 효과성에 초점을 두고 있다. 과학센터를 찾는 관람객들이 어떤 특정한 주제에 대한 일련의 전시물 혹은 보다 일반적인 주제의 전시물에 어떻게 반응하는가에 대한 체계적인 정보는 거의 없다.[4]

관람객들이 생소한 전시물들을 가장 기초적인 수준에서 특정한 순서 없이 탐구하는 것을 지켜보면서, 과학센터의 많은 직원들은 주제가 일반적으로 두드러지지 않다거나, 혹은 관람객에게 두드러지게 하는 방법을 아직 찾지 못했다고 생각할 것이다. 그렇지만 주제들은 기획자들로 하여금 기관을 정의하고, 콘텐츠를 조직하고, 그리고 소통할 수 있도록 도움을 준다.

전시물의 복제 또는 창작

새로운 과학센터가 성공할 수 있는 한 가지 확실한 방법은 이미 다른 곳에서 입증된 전시물과 프로그램을 채택하는 것이다. 많은 초보 과학센터들이 이러한 방법을 쓰는데, 특히 역학, 광학, 인식, 컴퓨터 및 인간 신체에 대한 영역에서 선진 과학센터로부터 개별 장치, 전시물들 또는 인기 있는 프로그램들을 받아들인다. 이러한 '복제'는 연구와 개발이 이미 끝나있기 때문에 많은 시간과 비용을 절약할 수 있게 한다.

선진 과학센터들은 자신들의 전시물과 프로그램 내역의 출판, 기술적인 부분의 워크숍, 심지어는 다른 과학관에 복제품을 설치해주면서까지 복제를 장려하고 있다.[5] 소수의 기관들에서는 이미 만들어 놓은 전시물을 팔기도 한다. 하지만 복제가 성공을 위한 확실한 방법은 아니다. 새로운 과학센터에는 전시물의 해석과 유지를 위해 숙련되고 지식을 갖춘 직원이 여전히 필요하며, 운전해서 갈 수 있는 거리에 여러 개의 과학관이 자리한 지역에서 복제는 적당치 않을 수 있다.

복제의 더 확실한 부정적 효과는 바로 복제가 직원들에게 미치는 영향이다. 새로운 과학센터들이 채용하고 싶어 하는 열정적이고 헌신적인 사람들은 다른 사람의 전시물과 프로그램을 단순히 해석만 하는 것에 만족하지 않고 자신들의 아이디어를 실현하고 싶어 할 것이다. 나아가 전시물과 프로그램의 개발은 실험과 발견의 분위기를 만들어 센터에 스며들고 활기를 불어넣게 된다. 이렇게 직원과 관람객에게 미치는 분위기의 가치를 인식하고 많은 새로운 과학관들은 자신들이 의도한 메시지에 대응하는 프로그램에 따라 복제와 독창적인 전시물을 적절히 혼합하여 제공하도록 결정한다.

연출

관람객들은 다양한 주제의 상호작용 전시물에 반응한다. 주제 그 자체는 이를 어떻게 다루는가에 비해 덜 중요한 것처럼 보인다. 비록 과학센터에 대한 문헌들이 어떤 주제가 어떤 주제보다 낫다는 식의 주장을 하고 있지는 않지만, 다루는 주제의 수는 적을수록 좋다고 제안한다. 관람객들의 이해와 오해는 강하고 완고한 편이어서, 새롭게 대하는 전시물에 즉각 반응하는 것을 스스로 억제하는 경향을 보인다. 만약 관람객들이 그들의 사고를 확장하려면 기대하지 않았던 특별한 현상이나 개념에 여러 차례 맞닥뜨리는 것이 필요하다.[7]

학습을 위해서는 지속적인 반복이 필요하다. 또한 전시공간과 프로그래밍 시간도 요구된다. 주제를 공평하게 나타내기 위해, 나아가 방문객들의 주제에 접근하는 범위를 공평하게 나타내기 위해 과학센터는 주제를 나타낼 상당한 공간과 자원을 마련해 두어야 한다. 실질적으로 얘기하면, 이는 다루는 주제의 수에 제한을 두어야 함을 의미한다.

이러한 이유의 연장선상에서, 많은 과학센터 직원들은 주어진 주제를 다양한 분야의 관점에서 해석해야 한다고 주장한다. 익스플로라토리움은 전시물과 프로그램에 접근하는데 과학뿐만 아니라 예술을 활용하는 것을 강하게 지지해 왔다.[8] 익스플로라토리움의 가장 인기 있고 경쟁력 있는 몇몇 전시물들, 예를 들어 만질 수 있는 토네이도와 같은 전시물은 예술가들의 작품이다. 다른 과학센터는 전시에 수학을 포함시키기도 하며, 어떤 센터는 역사를 이용하기도 하며, 비교를 목적으로 문화유물을 유형화하거나 극적인 재창작을 하기도 한다. 분명하게 더 많은 분야가 혼합될수록 관람객들은 전시물에 더 끌리고 공감하게 된다. 하지만 이런 다양한 전시물을 확보하기 위해서는 좀 더 많은 전문가와 시간과 예산이 필요하게 된다.

제임스 브래드번(James Bradburne)은, 과학센터는 "원리들을 보여주는 집합체로 과학을 표현" 할 것이 아니라 오히려 "관람객이 진정으로 참여할 수 있게 진행하는 과정"으로 보여 주어야 한다고 강조한다.[9] 브래드번은 이차 경험(Second-order Experience)을 강조하는데, 관람객들이 돌아갈 때 특별한 현상에 대해 "나는 알았다"라고 얘기하는 대신 "내가 어떻게 알았는지 알았다"고 얘기할 수 있어야 한다고 주장한다. 많은 과학교육자들이 사실과 용어를 강조하는 학교 교육 대신 사람들이 실질적으로 요구하는 과학 활동이 강조되어야 하는데 동의한다. 이들은 또한 과학적 지식이 기하급수적으로 증가하기 때문에 과학적 과정을 이해하는 사람만이 이를 헤쳐 나갈 수 있는 방법을 찾을 수 있다고 지적한다.

하지만 교육자들은 또한 과학적 과정에 대한 이해가 아무것도 없는 상태에서 습득될 수는 없다고 경고한다. 관찰은 종종 과학적 과정에서 핵심적 요소로 정의되지만 단지 보는 것만으로 관찰할 수 있는 사람은 아무도 없다. 우리는 무엇인가 관심을 기울이고 싶은 것, 무엇인가 해보고 싶은 것을 보기 위해서 관찰한다. 게다가 관찰의 본질은 조사 중인 주제물로부터 직접 나온다. 관찰은 과학적 작업의 지적인 맥락으로부터 분리할 수 없다. 교육자들은 "학생들로 하여금 세상의 과학적 지식을 습득하고 동시에 과학적 마음가짐을 가질 수 있도록 도와주어야 한다."고 촉구한다.[10]

실제로, 전시기획자는 내용적 측면의 목표와 과정차원에서의 목표, 그리고 편안함에 대한 관람객의 요구를 한데 얽기 위해 노력하고 있다. 이상적으로 각 전시물은 다음과 같아야 한다.

- 그 전시물이 무엇에 대한 것인지를 글과 물리적 디자인을 통해 명확하게 나타낼 것
- 호기심을 자아내는 현상을 드러낼 것
- 성공적인 상호작용을 위해 만들어진 구조화된 방법으로 전시물을 작동해 볼 수 있도록 관람객을 유인할 것
- 몇 가지 방법으로 자유롭게 실험할 수 있도록 할 것

주어진 주제에 대한 전시물들과 그와 연계된 프로그램들은 전시물에 대한 반복적이고 경험적인 서로 다른 다양한 접점을 제공한다. 물론 대부분의 관람객들은 주제를 체계적으로 탐구하지는 않을 것이므로, 각 전시물은 각기 독자적으로 존재할 수 있어야 한다. 그러나 여러 차례의 방문이나 혹은 직원이 안내하는 관람을 통해 관람객들은 주어진 주제에 대해 꽤 많은 부분들을 흡수하게 될 것이다.

환경 개발

과학센터를 기획하는 사람들은 가끔 건축물이 관람객들의 전시물로부터 무엇인가를 학습할 수 있는 능력에 미치는 영향에 대해 질문한다. 개방된 공간 혹은 여러 개의 닫힌 공간 중 어느 것이 더 관람객의 탐구와 학습에 효과적일까? 어떤 기관들은 관람객들이 아직 더 탐험하기 위해 전체 공간 속에서 어디에 있는지를 알 수 있도록 넓게 개방된 공간을 선호하는 반면에, 어떤 기관들은 관람객

들이 닫혀있는 공간감을 느끼고 방을 옮겨갈 때 시각적으로 더 새로운 느낌을 갖도록 방이나 작은 공간들을 선호하기도 한다.

환경심리학 연구 문헌에 의하면, 이 두 가지 모두가 다 효과가 있다고 한다.[11] 광활한 공간 혹은 은밀한 공간은 내용과 제공하려는 경험의 본질에 따라 서로 다른 기능을 수행한다. 만약 관람객들이 집중할 필요가 있다면 사람이 많은 곳에서 벗어나 아늑한 공간에서 더 편안함을 느낄 수 있겠으나, 어떤 작품들은 거대한 크기의 공간에서 최상의 작동을 할 수 있다.

다른 환경적 요소들 또한 중요하다. 너무 심한 소음은 집중이나 대화를 불가능하게 하겠지만, 다른 한편으로 어느 정도의 소리는 흥미를 불러일으키고 즐거움을 줄 수도 있다.[12] 시청각 전시물 이용에 관한 두 연구에 의하면 앉는 것 역시 중요한 고려 요소가 될 수 있다고 한다.[13] 자신의 공간을 건축할 수 있는 과학센터는 내용물을 갖춘 다음 건축을 할 수 있다.

건축에 관한 또 한 가지 사실은, 대부분의 과학센터가 관람객의 재방문을 유도하고, 새로운 내용을 제공하고, 그리고 사람들의 관심 속에 항상 머무르기 위해 정기적으로 기획 및 순회전시를 준비한다는 것이다. 일반적으로 새로운 과학센터의 기획자들은 과학관 전체의 공간 규모를 고려하여 기획전시 공간을 따로 마련한다. 또한 진행 중인 작업에 대한 방문객의 사전 반응을 살펴보기 위한 공간을 따로 두기도 한다.

기관 자체적으로 기획전시를 만들어내는 것은 직원들의 창의력 발현을 위해 좋은 일이긴 하지만 한편으로는 부담이 되기도 한다.

이러한 부담을 덜기 위해 많은 과학센터들은 다른 과학센터에서 전시물을 빌려오기도 한다. 미국의 경우, ASTC와 스미소니언이 소정의 비용을 받고 과학전시물을 빌려주는 순회전시 서비스를 제공하고 있다. 어떤 과학센터는 자신들이 직접 순회전시를 하고, 어떤 과학센터는 회원들이 개발한 전시물을 공유하는 협회에 가입하기도 한다. 몇몇 상업적 회사들 또한 순회전시를 제공하기도 한다. ASTC의 연례회의에 참석하고 ASTC 웹사이트에서 자문을 받는 것이 그런 기회를 발견하는 좋은 방법이 될 것이다.

순회 전시를 유치하려면, 요구되는 예상 면적과 적당한 하역 시설, 포장 상자를 수용할 수 있는 승강기와 문, 융통성 있는 조명, 환기 조절 설비들이 필요하다. 이러한 준비를 갖추면, 다양한 전시물을 예약할 수 있다.

전시물 설계

1986년 당시 온타리오 과학센터(Ontario Science Centre)의 전시개발자 토니 신(Tony Sin)은 무엇이 개별 전시물을 성공적으로 만드는지 알아보기 위해 음식에 대한 기획전시를 대상으로 조사를 실시하였다. 신(Sin)은 조사 대상 관람객에게 51가지의 전시물 사진을 보여주고 그 중 어떤 것이 기관의 상설전시로 포함되면 좋을지 10개를 고르도록 하였다. 그런 다음 관람객의 선호도에 따라 순위를 매기고, 순위가 매겨진 전시물의 특성을 전시 설계 항목별로 비교하였다.

신(Sin)은 몇몇 설계 요소는 관람객에게 그다지 중요하지 않음을 발견하였다. 여기에는 컴퓨터나 누름단추의 존재, 재료비, 전시물의 마무리 수준이 포함된다. 몇 가지 요소들은 중요하다고 나타났다. 여기에는 전시장 접근의 용이성, 2미터에서 7미터 사이의 전면을 갖는 넉넉하지만 집중된 공간, 살아있는 식물, 동물 그리고 시연이 포함된다. 더욱 중요한 것은 전시물의 주제가 관람객에게 본질적인 의미를 갖는지의 여부와 전시가 피드백을 제공하느냐의 여부였다. 하지만 단일 요소로서 전시의 흥행을 결정짓는 가장 중요한 요소는 바로 직원들이 전시연구와 설계에 쏟아 부은 시간의 양인 것으로 판명되었다.[14]

신(Sin)의 연구는 과학센터를 새로 시작하는 사람들이 종종 던지는 질문의 답에 도움이 될 수 있다. 전시물을 얼마나 세련되게 꾸며야 할까? 기존 과학센터의 전시물은 "줄과 고무 밴드 등으로 그냥 엮어만 놓는 수준"에서 "최고 수준의 스타일"에 이르기까지 광범위한 마무리의 범위를 보여준다. 어떤 사람들은 관람객들이 높은 수준의 마감과 특수 효과를 좋아할지는 몰라도, 관람객들이 전시물에 동질감을 갖지 않을 것이므로 학습에는 방해가 된다고 믿는다. 그러나 일부에서는 어떤 과학관 환경에서는 관람객들이 수준 높은 마감을 기대하며 좋아한다고 이야기한다. 신(Sin)의 연구는 전시물의 방식에 대한 확실한 해답이 없음을 확인해준다. 관람객들이 어떤 전시물을 좋아하는지는 전시물의 마감 정도에 달려있는 것이 아니라, 사회문화적 이론들도 지적하듯이, 전시물의 의미와 전시물이 제공하는 피드백에 달려있다.

설계 팀

왜 대부분의 인기 있는 전시물들은 만드는데 오랜 시간이 걸릴까? 상호작용 전시물을 만드는 데에는 최소한 네 가지 범위, 즉 과학, 의사소통, 공학, 미학의 작업이 요구됨을 고려해야 한다. 과학을 잘 알고 사랑하는 누군가가 전시할만한 흥미로운 현상과 아이디어를 찾아내야 한다. 관람객의 요구와 이해, 그리고 관람객이 당혹스러워 하는 분야를 잘 아는 누군가는 전시물이 신체적으로 개념적으로 이해하기 쉽도록 해야 한다. 공학적 기술을 가진 누군가는 안전하고, 즐겁고, 신뢰할 수 있도록 잘 작동하는 장치를 설계해야만 한다. 그리고 마지막으로 시각예술 혹은 디자인 분야의 전문가가 이러한 과학적, 공학적 내용을 미학과 결합시켜 전시물을 매력적으로 보이도록 구성하고 전시공간에 효과적으로 연출해야 한다.

이러한 모든 작업이 어떤 한 개인에 의해 이루어지는 것은 거의 불가능한 일이기 때문에 전시물 설계는 여러 사람으로 구성된 팀에 의해 이루어진다. 팀 구성원들이 더 많은 시간을 서로 이야기하며 주제에 대한 관점과 열정을 공유하고 목표를 명확히 할수록 그들은 더 나은 전시를 만들고 관람객들의 상상력을 키울 수 있을 것이다.

많은 과학센터가 제한된 예산으로 시작하기 때문에 이러한 팀을 상시 고용할 수는 없다. 때때로 그들은 숙련된 자원봉사자들에 의존하여 복제품이나 새로운 전시물을 만들기도 한다. 가끔은 전시물 설계 회사를 통해 정해진 예산 안에서 주어진 작업을 마무리하기도 한다. 어떤 방식으로 전시물이 만들어지건 위 네 가지 분야의 전문성이 한데 어우러져야 하며, 그렇지 않을 경우 실패할 가능성이 크다. 그리고 누군가는 책임을 지고 팀 구성원들의 불가피한 차이점을 해결하면서 계속 일을 추진해 나가야 한다.[15]

과학센터가 성장해 감에 따라 서로 다른 많은 사람들이 서로 다른 시기에 전시물 개발에 참여하게 된다. 새로운 과학센터는 모든 다양한 관련자들을 위해 소통 목적과 전시개발 방법을 명확히 문서로 남기는 일을 잘 할 수 있게 될 것이며, 기관 차원의 노하우 축적을 위해 가능한 한 많은 전시물 개발 작업을 자체적으로 수행하게 될 것이다. 먼저 최고책임자(혹은 그러한 역할을 담당하는 누군가)는 전체 개발과정을 감독하고, 팀을 규정된 미션과 비전으로 뭉쳐있도록 해야 한다. 또한 전시물 제작은 불확실한 예술이므로 어떤 놀라운 일이나 시행착오를 허용할 필요가 있다.

시제품화(Prototyping)

이제는 전시물 개발과정에서 전시물이 완성되기 전에 디자인을 시험해 보기 위해 형성평가(Formative Evaluation)를 실시하는 것은 흔한 일이 되었다. 이는 대충 만들거나 손으로 글씨를 쓴 것일 수 있으나 외부인이 사용하기에는 충분한 시제품이나 실물 크기의 모형을 제작해봄으로써 이루어진다.

과학센터를 운영함에 있어 시제품을 전시장에 설치하여 관람객들로부터 새로운 전시물 개발에 도움을 받을 수 있다. 설계팀은 이미 정립된 소통의 목적에 기초하여 장치 및 설명문에 대한 내구성, 접근성,

사용의 용이성, 매력, 그리고 이해도를 알기 위해 관람객을 대상으로 관찰하고 또 질문을 던진다.

형성평가를 실시하면 전시물을 제작하는데 10% 정도의 추가 비용과 시간이 소요되기는 하나, 이렇게 해야만 전시장에서 시간을 보내는 대부분의 사람들을 만족시킬 수 있다. 가장 경험 많고 예술적인 전시 설치자라도 얼마나 많은 사람들이 실제 전시물에 어떠한 세부적인 반응을 보일지 정확히 예측할 수 없으며, 통상 관람객을 통해 확인하고 이에 맞추어 수정 작업을 거친다.[16]

많은 설계 회사들이 모형을 기획하고 예산을 짜는 일에 익숙하지 않으므로 적어도 이러한 작업의 일부는 과학센터 내에서 이루어져야 한다. 하나의 아이디어가 테스트를 거쳐 정해지면, 과학센터 내부 혹은 외부의 제작업체에 의해 도면으로 구체화될 수 있다. 이후 전시물이 만들어지고 설치가 되더라도 보완작업이 필요할 수도 있다 (개발자들은 이 단계를 성능시험(Burn in)이라고 부른다). 이 단계에서의 수정은 비용이 많이 들 수 있기 때문에 대부분의 과학관들은 이를 회피한다.

평가

때때로 과학관 직원들은 완성된 전시물과 프로그램에 대한 관람객들의 반응에 관한 정보(최종평가(Summative Evaluation)라 부름)를 수집한다. 이 정보는 직원들에게 기량을 가늠하고 앞으로의 전시물 개발 노력에 대한 교훈을 이끌어낸다. 상당수의 재정후원자들은 과학센터가 자신들의 진행 과정을 추적 관찰하고 관람객 학습의 좀 더 객관적인 또는 결과 위주(Outcomes-Based)의 측정법을 찾아내길 원한다. 비록 과학센터의 전시물에 대한 최종평가에 대한 연구 문헌이 증가하고는 있지만, 아직도 가장 최상의 기법이 무엇인지에 대해서는 일치된 의견이 없다.[17]

유지 관리

때로는 너무 덜 강조되고 충분한 예산도 확보되지 않지만, 전시물 유지 관리는 과학센터에서 피할 수 없는 현실이다. 가장 뛰어난 전시물이라 하더라도 지속적인 사용으로 인해 마모가 일어나는데 특히 관람객들이 설계팀이 전혀 생각지 않았던 행동들을 할 때 더욱 그러하다.

망가진 전시물은 가능한 빨리 전시장에서 치워야 한다. 제 기능을 하지 못하는 전시물은 관람객을 위해 좋을 것이 하나도 없으며, 관람객들이 겪는 실망이 오히려 장래에 더 큰 손실을 불러오기도 한다. 전시물을 정기적으로 보수하지 않으면 관람객들은 결국 점점 적게 보고 적게 행동하는 것으로 끝날 것이다. 이 과정을 수월하게 하려면 전시설계자는 유지보수에 관한 생각을 마음속에 담아두고 있어야만 한다. 전시물은 쉽게 분해되고, 청소할 수 있어야 하며, 필요할 때면 언제라도 상호 교체될 수 있는 부품들로 구성되어야 한다. 특히 지역에서 쉽게 구할 수 있는 부품들이면 더욱 좋다.

전시 유지관리를 위해 한 과학센터에 얼마나 많은 인력이 필요한지 정확히 말하기는 어렵다. 이는 대부분 전시물의 수와 복잡성에 달려있다고 할 수 있다. 유지관리와 설계는 서로 관련이 있다. 고장 난 전시물을 고칠 때 오히려 전시물을 개선시킬 수 있는 기회가 된다. 직원이 전시물 개발에 능동적으로 참여하게 되면, 기관 차원의 자생력이 생기기도 한다. 이는 유지관리에 관심을 갖게 하며 때로는 개발자와 유지관리자간에 일을 분담하게 하는 결과를 가져오기도 한다.

프로그램 실행

전시물을 만드는 데는 많은 비용이 들지만 일단 설치가 되면 비교적 적은 비용으로 운영될 수 있다. 그러나 프로그램의 경우에는 그렇게 얘기할 수 없다.

숙련된 직원들에 의해 진행되는 프로그램에 항상 많은 투자가 필요한 것은 아니지만, 프로그램을 진행하기 위해서는 임금을 지불해야 하며, 대개 전시물보다 적은 관람객들에게 제공된다. 만일 기금 조성이 기대에 미치지 못하면 전시 사업은 취소할 수 있지만 고용자를 해고하는 것은 바램처럼 가능하지 않을 수 있다.

비록 새로 시작하는 과학센터들이 직원 급여에 대한 부담을 피하려고 하지만, 그들 대부분은 프로그램을 개발하고 방문객에게 해설하는 직원들에 대해 어느 정도는 투자하기 마련이다. 기존의 과학센터들과 마찬가지로, 새로 생기는 과학센터 역시 프로그램이 전시물만으로는 달성하기 어려운 기관의 미션과 관련된 목표를 달성할 수 있다고 믿는다.

휴먼 인터페이스

　유수의 과학센터 직원들은 종종 그들이 방문객들에게 제공해줄 수 있는 최고의 경험의 일부는 바로 과학센터에서 일하는 사람들과의 상호작용으로부터 나온다고 얘기한다. 전시장에서 전구를 교체하는 사람과의 가벼운 대화조차 새로운 깨달음을 줄 수 있다. 과학에 정통하고 의사소통에 숙련된 직원은 방문객의 질문에 개인적 관심과 배경에 맞게 맞춤형으로 대답할 수 있으며, 탐구 주제에 대해 전시장 내의 다른 어떤 것들보다도 관람객들을 심도 있게 도울 수 있다. 또한 직원들은 자연스럽게 탐구적 행동과 과학적 과정의 기술적 본보기가 될 수 있으며, 사회적 소수 계층에서 선발한 직원은 이들 그룹에 대한 본보기가 될 수 있다.

　과학센터는 프로그램을 통해 방문객에게 실물에 대한 흥미로운 경험을 제공하고 과학적인 노력에 실제적이고 개인적인 측면을 제공할 수 있는 사람들에게 접근할 수 있도록 한다. 대부분의 경우 이런 도움을 주는 사람들은 과학센터의 직원들이다. 그러나 때때로 프로그램에는 주말에 지역의 과학자들과 공학자들이 참여해서 그들의 일에 대해 관람객에게 설명하는 것도 포함된다. 발표자들은 실험실과 같은 환경에서 특수 기구들(예: 전자현미경)을 사용해서 방문객들이 혼자 할 수 없는 프로그램들을 전시장의 한 쪽 구석이나 별도의 방에서 실행한다. 이들은 굉장히 넓은 범위의 기법(작은 실험들로부터, 공연 및 경연대회까지)을 사용하여 다양한 나이와 배경을 가진 관객들을 사로잡는다.

프로그램은 세 종류의 관람객들(일반 대중, 특정 대상 관람객, 그리고 학생)에게 맞춰 설계되어 있다. 이 모든 경우, 프로그램들은 프로그램이 요구하는 바에 따라 과학센터 내부 혹은 외부에서 일시적이거나 상시적으로 진행될 수 있다. 대부분의 과학센터들은 일반 관람객들을 위해 시연, 강연, 수업, 워크숍, 특별 이벤트(비눗방울 축제 같은)를 센터 내에서 제공한다. 또한 많은 과학센터들이 과학관에 오지 못하거나 혼자 오기 어려운 사람들을 위해 찾아가는 프로그램을 제공하기도 한다. 그리고 영재, 여학생, 전통적으로 과학관을 찾지 않는 계층의 사람들 역시 자주 프로그램의 대상이 된다. 어디에서 프로그램을 진행하더라도 이를 진행하는 담당 직원들은 전통적인 교실 환경에서는 접하기 힘든 자료와 탐구중심 방법으로 프로그램을 운영하기 위해 많은 주의를 기울인다.

직원관리

이상적으로는 전시물과 프로그램이 동시에 개발되어서 프로그램 담당자와 전시물 담당자가 서로 상호작용하고 지식을 공유하며, 가장 적합한 의사소통 방법을 찾아 내용에 적용시키는 작업을 할 수 있어야 한다.

전시물을 개발하는 직원들과 마찬가지로, 프로그램 담당 직원들은 그들이 제공하는 다양한 프로그램들의 효과를 측정하기 위해 관람객으로부터의 피드백을 활용한다. 프로그램은 수정이 용이하므로 프로그램을 잘 만드는 것은 전시물을 잘 만드는 것보다 다소 쉽다고 할 수 있다. 그렇지만 이러한 용이성 때문에 프로그램의 전체적 효과를 측정하는 것이 더 복잡한데, 이는 발표의 "품질"이 전달 가능성에 있는 것이 아니라, 시간의 경과에 따라 얼마만큼의 효과를 주는지 관리해야 하기 때문이다.

같은 직원이 프로그램을 매일 매일 반복해서 계속 새롭게 진행할 수는 없다. 따라서 과학관 교육자들은 종종 같은 프로그램 진행에 시간제 직원이나 자원봉사자 등 다른 사람들을 참여시키기도 한다. 프로그램의 여건에 따라 이들은 고등학생, 대학생, 계약직 교사, 은퇴한 과학자, 혹은 과학관의 회원들일 수도 있다. 이들 모두는 프로그램의 맥락을 잘 알고 효과적으로 진행하기 위해 잘 훈련받아야 하는데, 대개의 경우 훈련에 적지 않은 시간과 노력이 요구된다.[18]

프로그램 팀의 관리자는 서로 다른 관람객층에 대해 서로 다르게 일관적인 프로그램을 구성하여 연중 순환적으로 진행시킴으로써 팀의 행정업무 부담을 최소화한다. 관리자는 일단 직원들이 지식과 기술을 습득하고 나면 담당 업무에 변화를 준다. 예를 들어, 전시장에서 화학 시연에 능한 젊은 직원에게 다음에는 화학실험실에서 가족을 위한 워크숍을 진행하도록 하는 것이다. 사실 몇몇 과학관들은 경험이 많지 않은 젊은 직원들, 특히 여성 및 소수인종 출신 직원들을 양성하고 그들의 과학학습 열정을 고취시키는 체계를 개발해 왔다.[19]

나이와 관계없이 전시장 현장 직원들은 전시물과 프로그램 개발자에게 관람객들의 질문에 대한 중요한 피드백을 제공해줄 수 있다. 개발자와 현장 직원과의 의사소통은 관람객 경험의 질을 높일 수 있는 조정자 역할을 할 수 있다. 몇몇 과학센터들은 경험 많은 현장 직원을 전시나 프로그램 개발의 초기단계에 참여하게 해서 관람객들의 반응에 대한 지식을 바탕으로 하는 그들의 생각을 사전에 묻기도 한다.

학교 지원

대부분의 과학센터들은 그들이 속해있는 지역사회의 학교를 돕는데 많은 노력을 기울이고 있다. 이러한 노력은 학생 단체에 대한 과학센터 방문초청에 국한되지 않는다. 미국 과학센터의 83%가 과학교실과 시연수업을 제공하고 있으며, 74%는 교사들을 위한 워크숍을 운영하고 있으며, 64%는 학교에 교육과정 자료들을 제공하고 있다.[20]

학생들과 교사들을 위한 효과적인 프로그램을 개발하는 데에 있어 중요한 열쇠는 교육계 전문가들과 정기적으로 교류를 갖는 것이다. 대다수의 과학센터들은 교사, 과학 주임, 관리자, 학부모 및 교사 조직, 그리고 때에 따라서는 지역의 과학관련 사업체나 공동체로 이루어진 운영위원회나 자문단을 두고 있다. 운영위원회는 지역 과학교육의 요구를 결정하는데 도움을 주고, 과학센터의 정책이 이를 역점을 두어 다루도록 장려한다. 적절하게만 운영된다면 이러한 위원회는 학교와 더불어 과학관이 갖는 신뢰를 크게 향상시킬 수 있다.

과학센터가 어떻게 해야 가장 잘 도울 수 있느냐는 질문에 교사들은 대규모 혹은 유지하기 힘든 장비들을 통해 학생들에게 흥미와 동기부여를 해주며, 학생 개개인에게 자신의 수준에서 각자의 흥미를 찾는 기회가 주어지기를 원한다고 이야기 한다. 일반인들을 위해 개발된 전시물과 프로그램도 종종 이러한 측면을 동일하게 강조하고 있기 때문에 학생과 일반인 양쪽 모두를 위해 동일하게 만들어질 수 있다. 때때로 학교가 특정한 주제 혹은 교사 연수에 대해 도움을 요청하며, 과학센터들은 이러한 요구를 채워주기 위해 특별 프로그램을 개발한다.

최근 미국의 과학센터들은 그들의 서비스 영역을 학교사회에까지 확장하여 그들의 자원이 더 많은 청소년에게 도달하도록 지렛대 역할을 해오고 있다. 그 결과의 하나로 ASTC의 통계에 따르면, 1999년에 107,000명이 넘는 교사에게 인상적인 교육프로그램이 제공되었다.[21] 마크 세인트 존(Mark St. John)은 키트를 이용한 방과 후 수업에서부터 상호작용 교수법에 대한 하계 집중 강습회에 이르는 프로그램들이 정규 학교 교육 체계를 돕는 보이지 않는 토대의 한 부분이 된다고 얘기하고 있다.[22]

과학센터에서의 교사 교육프로그램은 수준이 다양하지만 자료가 부족한 학교들이 분명히 요구하고 있다. 지역 대학과 연합한 프로그램은 대학 수준 혹은 교사들에게 필요한 평생교육을 위한 학점을 제공해 줄 것이다. 하지만 학점을 제공해주지 않는 프로그램들도 교육자에게는 가치가 있는 지식, 자료, 그리고 체험기반 학습에 헌신적인 직원을 제공해 준다. 게다가 과학센터와 관련된 교사들은 이러한 자원들을 잘 활용할 수 있는 프로그램을 개발하는데 도움을 줄 수 있다.[23]

많은 지역에서, 과학센터들이 직접적으로 과학교육 개선을 위한 체계적 노력을 기울이고 있다. 이들은 지방 혹은 주 정부 기관과 협력을 하거나, 국립과학재단의 재정 지원을 받는 대학들과 프로그램을 통해 협력을 하기도 한다. 과학관은 학교 체계보다는 훨씬 민첩하기 때문에 그들의 지역사회가 고심하는 고부담 평가(High-stakes Testing)와 같은 쟁점을 논의하는데 지렛대 역할을 할 기회를 갖는다. 많은 과학센터 지도자들은 앞으로도 계속 이러한 분야에서 자신들의 역할이 확대되기를 기대한다.

개관 전 프로그램

새로 개관하려는 과학센터는 제공하려는 서비스를 보여주기 위해 개관 훨씬 전에 프로그램을 운영해 보기도 한다. 여기에는 전시물을 자동차에 싣고 지역을 순회하거나 학교 또는 도서관에 설치하고 현장 해설을 실시하는 것이 포함된다. 과학자가 학교를 방문하거나 편지를 주고받는 프로그램들도 역시 성공적으로 활용되어 왔다.

이러한 프로그램들은 한 사무실에서 관리될 수 있으며 지역사회 도처로 이동할 수도 있다. 이들 프로그램은 전문지식과 자원들을 제공해주는 지역사회 단체들과의 긴밀한 협력을 통해 개발될 수 있다. 과학관 개관 후에는 대상 관람객들을 위한 과학관 밖 프로그램을 계속할지 결정하면 된다.

어떤 행사가 되었든, 과학센터는 사전 프로그램을 통해 센터가 온전히 개관하기 전에 지역사회에 대한 지식을 발전시키고 교육방법을 연마할 수 있을 것이다.

주(註)

1. Eugene Matusov and Barbara Rogoff, "Evidence of Development from People's Participation in Communities of Learners," in *Public Institutions for Personal Learning: Establishing a Research Agenda,* edited by John H. Falk and Lynn D. Dierking(Washington, D.C.: American Association of Museums, 1995). Also relevant is Jeremy Roschelle. "Learning in Interactive Environments: Prior Knowledge and New Experience," in the same book. See also special two-part issue of *Journal of Museum Education,* Vol. 28, Nos. 1 and 2(2003), guest edited by Kirsten Ellenbogen.

2. Lynn D. Dierking and Wendy Pollock, *Questioning Assumptions: An Introduction to Front-End Studies in Museums* (Washington, D.C.: ASTC, 1998).

3. Frank Oppenheimer described perception as a central theme for the Exploratorium in an article reprinted in Hilde Hein, *The Exploratorium: The Museum as Laboratory* (Washington, D.C.: Smithsonian Institution Press, 1990). Robert Sullivan argued that natural history museums should adopt ecology as a primary organizing theme in "Trouble in Paradigms," *Museum News,* January/February 1992. Michael Robinson made a similar argument for zoos and other living collections in "Bioscience Education through Bioparks," *BioScience,* Vol. 38, No. 9 (October 1988).

4. A 1995 study by John Falk at the California Science Center

found that "visitors spent more time in exhibit clusters that included a repeated main message, and conceptual understanding of the exhibit's 'big idea' was significantly better under this condition" *(Questioning Assumptions,* op. cit.:108). Randi Korn and Johanna Jones also looked at whether or not visitors to the Tech Museum of Innovation were grasping "big ideas" intended by exhibit developers, as reported in "Visitor Behavior and Experiences in the Four Permanent Galleries at The Tech Museum of Innovation," *Curator,* Vol. 43, No. 3 (July 2000): 261-281.

5. Exhibit plans and descriptions can be found in the following publications: Raymond Bruman and Ron Hipschman, *Exploratorium Cookbooks I, II, III* (San Francisco, Calif.: The Exploratorium, 1987); Colleen M. Sauber, ed., *Experiment Bench: A Workbook for Building Experimental Physics Exhibits* (St. Paul, Minn.: Science Museum of Minnesota, 1994); and Paul Orselli, *Cheapbook: A Compendium of Inexpensive Exhibit Ideas,* Vols. 1 and 2(1995 and 1999). Descriptions of programs have been published by the Lawrence Hall of Science, in particular in the series *Great Explorations in Math and Science* (GEMS); others are available in *Let's Try It... and* See *What Happens!,* by Jane Snell Copes (St. Paul, Minn.: Science Museum of Minnesota, 1996); and Science Center Know-How, from the Pacific Science Center (Seattle, Wash. Pacific Science Center. 1996).

6. Mark St. John and Sheila Grinell, *The ASTC Science Center Survey: An Independent Review of Findings* (Washington, D.C. ASTC, 1989).

7. See, for example, Elsa Feher and Karen Rice, "Development of Scientific Concepts Through the Use of Interactive Exhibits in a Museum," *Curator*, Vol. 28, No. 1 (January 1985); and Bruce Watson and Richard Kopnicek, "Teaching for Conceptual Change: Confronting Children's Experience," *Phi Delta Kappan*, May 1990: 680-684.

8. Peter Richards, "The Greater Good: Why We Need Artists in Science Museums."*ASTC Dimensions*, July/August 2002; and *A Curious Alliance: The Role of Art in a Science Museum* (San Francisco, Calif.: The Exploratorium, 1994).

9. James Bradburne, "Beyond Hands-On: Truth-telling and the Doingof Science," *The Nuffield Foundation Interactive Science and Technology Project Occasional Newsletter.* Vol. 12 (July/August 1989).

10. American Association for the Advancement of Science, "Chapter 13: Effective Learning and Teaching," *Science for All Americans* (Washington, D.C.: American Association for the Advancement of Science, 1989).

11. Jeanne Vergeront, "Shaping Spaces for Learners and learning." *Journal of Museum Education*, Vol. 27, No. 1 (2002): 8-13.

12. Lorraine E. Maxwell and Gary W. Evans, "Museums as Learning Settings: The Importance of the Physical Environment," *Journal of Museum Education*, Vol. 27, No. 1 (2002). In the same issue of the journal, see also Robert Fry, "Delightful Sound and Distracting Noise: The Acoustic Environment of an Interactive Museum."

13. Roger Miles, "Audiovisuals, a Suitable Case for Treatment," in *Visitor Studies: Theory, Research and Practice*, Vol. 2, edited by Stephen Bitgood(Jacksonville, Ala.: The Center for Social Design, Jacksonville State University, 1989); and Barbara Flagg, "Implementation Formative Evaluation of Earth Over Time"(Bellport, N.Y.: Multimedia Research. 1990).

14. Sin's work is unpublished. For a comparison of Sin's work and other research on what constitutes a "successful" exhibit, see Wendy Pollock and Susan McCormick, eds. *The ASTC Science Center Survey: Exhibits Report* (Washington, D.C.: Association of Science-Technology Centers, 1988-1989).

15. See Kathleen McLean, *Planning for People in Museum Exhibitions* (Washington, D.C: ASTC, 1993). For description of the role of exhibit developer, see Lisa Falk, "'Not about Stuff, but for Somebody': Michael Spock on the Client-Centered Museum," *Journal of Museum Education*, Vol. 12. No. 3 (Fall 1987).

16. See Samuel Taylor, *Try It! Improving Exhibits through Formative*

Evaluation (Washington, D.C.: ASTC, 1991). For a discussion of reliance on prototyping in exhibit development see Frank Oppenheimer and the Staff of the Exploratorium, *Working Prototypes* (San Francisco, Calif.: The Exploratorium, 1986).

17. For a thought-provoking summary of evaluation techniques, see Mark St. John, "New Metaphors for Carrying Out Evaluations in the Science Museum Setting," *Visitor Behavior* (Fall 1990).

18. For aspects of training floor staff, see Caryl Marsh, "Opening the Way for Questions," *Northeast Training News*, October 1980; and Sheila Grinell and Patricia Curlin, *Using Scientist Volunteers at Museums* (Washington, D.C.: American Association for the Advancement of Science, 1990). See also Ellen Klages, *When the Right Answer Is a Question: Students as Explainers at the Exploratorium* (San Francisco, Calif.: The Exploratorium, 1995), and *Volunteer Power!*, special issue of *ASTC Dimensions*, July/August 2001.

19. Deborah Edward et al., *Youth Volunteer Programs in Museums* (Austin, Texas: Austin Children's Museum, 1989); Ilona E. Holland, "New York Hall of Science Career Ladder: Evaluation Final Report," December 1994; and *From Enrichment to Employment: The YouthALIVE! Experience* (Washington, D.C.: ASTC, 2001).

20. *Sourcebook of Science Center Statistics 2002* (Washington, D.C.: ASTC, 2003).

21. Ibid.

22. Mark St. John, *First Hand Learning: Teacher Education in Science Museums*, 2 vols., (Washington, D.C.: ASTC, 1990); and Inverness Research Associates, *An Invisible Infrastructure: Institutions of Informal Science Education*, 2 vols., (Washington, D.C.: ASTC, 1996).

23. Sally Middlebrooks, *Preparing Tomorrow's Teachers: Preservice Partnerships between Science Museums and Colleges* (Washington, D.C.: ASTC, 1996).

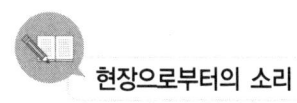 현장으로부터의 소리

전시물의 개념과 설계

●●● 프랭크 오펜하이머(Frank Oppenheimer)

과학은 많은 흥미로운(그리고 쓸모 있는) 자연현상을 밝혀내는 것뿐만 아니라 그들에 대해 생각하는 사고체계를 제공한다. 파동에 대한 우리의 개념은 어떤 특별한 파동의 종류보다 일반적이다. 사실 물결파, 음파, 광파, 그리고 패션의 물결하면 무언가 공통적인 생각이 떠오르게 된다. 파동을 교과서에 나오는 정의 이상으로 알기 위한 가장 좋은 방법은 다양한 파동의 실제 현상 가운데 공통점을 실험하거나 연구하는 것이다.

가족이라는 개념을 알기 위해 한 가족의 구성원을 아는 것으로는 아무 것도 얘기할 수 없다. 가족이라는 개념을 이해하기 위해서는 아이, 삼촌, 사촌, 형제, 조부모, 부모를 알아야 한다. 그래야만 가족이라는 개념이 "인간 가족" 또는 화학적 할로겐족과 같은 개념에 확장될 수 있다. 그런 면에서 과학센터보다는 자연사박물관과 인류학박물관이 더 다양한 사례를 갖추고 있다. 많은 과학센터들이 반사, 굴절, 간섭, 회절에 대한 오직 한 가지 사례를 보여주고 빛의 거동을 모두 아우른다고 만족하고 있다.

다양한 맥락을 제공해야 하는 추가적 이유는, 한 주제에 대한 각각의 전시물이 다른 주제의 전시물들과 또 다른 연결 고리가 될 수 있기 때문이다. 예를 들어, 공명 장치 전시물은 악기의 주제, 기하급수 부문, 전자기유도와 전기용량의 전시물들과 어울릴 수 있다. 우리는 과학박물관을 최소 교육과정의 연결망으로 구성된 소품들의 집합으로 간주한다. 이것은 모든 교육과정의 교사들에 의해, 자녀나 친구 또는 동반자를 가르치기 위해 찾아오는 방문객들에 의해, 학습 또는 교수 장소로 사용하려는 직원들에 의해 사용될 수 있다. 우리는 계속해서 이들 연결된 교육과정을 채우고 더하고 있으며, 앞으로도 계속해서 그렇게 할 수 있기를 희망한다.

물론 우리는 익스플로라토리움을 교수를 위한 최소 교육과정의 자료들의 집합체 이상으로 생각한다. 익스플로라토리움은 관광을 위한 장소이자, 이리저리 돌아다닐 수 있는 자연현상의 숲이다. 단순한 즐거움을 제공하는 것 이상으로, 체험과 학습에 필요한 여러 기회를 제공할 수 있으며, 호기심을 불러일으킬 수 있으며, 넓은 의미에서 사람들이 어디로 나아가야할지, 어디에 자신들의 거처를 정할지 결정하는 것을 도울 수 있다.

샌프란시스코의 익스플로라토리움 설립 책임자였던 프랭크 오펜하이머는 1985년에 사망하였다. 그는 과학관을 관련된 현상의 서로 다른 양상을 보여주는 체험을 제공하는 전시물로 이루어진 최소 교육과정의 연결망으로 생각했다. 1980년 그가 이 연구 결과를 얘기할 때 익스플로라토리움은 공명과 정상파, 회전운동량과 진자운동, 그리고 기하급수적 증가에 대한 다양한 전시물을 갖고 있었다.
원출처 : *Working Prototypes: Exhibit Design at the Exploratorium.*
저작권 ⓒ Exploratorium, 1986, www.exploratorium.edu

 현장으로부터의 소리

비형식 학습과 학교의 경계

●●● 엘사 바일리(Elsa Bailey)

현재의 박물관 교육은 주로 존 듀이(John Dewey), 진 피아제(Jean Piaget), 레브 비오츠키(Lev Vygotsky)의 연구로부터 나온 것으로, 이는 제레미 로첼리(Jeremy Rochelle)와 조지 하인(George Hein)에 의해 잘 요약되어 있다. 최근 진 라베(Jean Lave), 에틴 웬거(Etienne Wenger), 바바라 로고프(Barbara Rogoff) 등은 어떤 특별한 방법과 설정을 통해 학습이 일어나는지(학습의 상황성), 공통된 생각을 가진 사람들의 집단에서 어떻게 학습이 일어나는지(실행공동체)에 대한 실험을 통해 교육의 사회적 차원에 대해 자세히 설명하였다.

진 라베는, 학습은 개인에 의해 지식을 내면화하는 것이 아니라, 실제로는 실행공동체를 유지하는 일원이 되는 과정이라고 강조했다. 이 공동체 안에서 정체성의 발전과, 지식과 기술의 습득은 이 학습과정의 필수 요소이며, 개인 정책성을 발전시키기 위한 탐험이 지식 습득의 동기와 양상 그리고 의미를 부여한다.

발전에 대한 전통적인 관점은 학습자와 환경 사이의 경계를 가정하였다. 바바라 로고프는 개인이 활동에 참여함으로써 변한다는 대안적 관점을 상정한다. 이 견해로 인해 개인과 행동 사이의 경계는 사라졌으며, 사회문화적 활동이 분석의 단위가 되었다. 로고프는 이 발전 견해를 참여의 변화(Transformation of Participation)라 칭하였다.

에틴 웽거는 좀 더 면밀한 실행공동체 개념의 탐구를 발전시켰다. 여기에는 세 성분, 상호 연대, 공동 기획, 레퍼토리의 나눔이 포함되며, 개인의 정체성은 특별한 공동체의 일원으로서 다양한 실행공동체에의 참여(또는 불참)임을 제안하였다.

각각의 실행공동체에는 레브와 웽거가 '주변부(Peripheries)'라 부르는 경계가 있다. 이곳은 새로운 가입자가 공동체에 들어가는 도입부이다. 또한 이곳에서의 실행은 서로 영향을 줄 수 있다. 중개인들은 새로운 공동체와 연결되기도 하고 또는 새로운 가능성을 열기도 한다. 한 회원이 다양한 공동체에 속하면, 주변부를 통해 중개인으로서 영향을 미칠 수 있다(웽거, 1998). 박물관 교육자가 교사와 함께 작업을 하면 박물관과 학교 두 실행공동체 사이의 중개인으로 역할을 할 수 있다.

> 엘사 베일리(Elsa Bailey)는 워싱턴 D.C.의 스미소니언센터 교육 및 박물관 연구(Smithsonian Center for Education and Museum Studies)의 보조이사이다. 이전에는 마세추세추 캠브리지의 레슬리대학에서 프로그램 평가와 연구 그룹의 연구에 참여하였으며, 플로리다 마이애미 과학박물관에서 교사 교육 이사를 역임하였다.

참고문헌

George E. Hein, *Learning in the Museum* (London and New York: Routledge, 1998).

Jean Lave and Etienne Wenger, *Situated Learning: Legitimate Peripheral Participation* (Cambridge, England: Cambridge University Press, 1991).

Jeremy Rochelle, "Learning in Interactive Environments: Prior Knowledge and New Experience" In John H. Falk and Lynn D. Dierking, eds. *Public Institutions for Personal Learning.*(Washington, D.C.: American Association of Museums, 1995).

Barbara Rogoff, "Evaluating Development in the Process of Participation: Theory, Methods, and Practice Building on Each Other." In E. Amsel and K.A. Renninger, eds. *Change and Development* (Hillsdale, N.J.: Erlbaum, 1997).

Etienne Wenger, *Communities of Practice: Learning, Meaning, and Identity* (Cambridge, England: Cambridge University Press, 1998).

전시에 관한 경험 법칙

몇몇 상호작용 전시물 설계자들이 전시 개발과 설치에 대해 유용한 지침을 기록으로 남겼다. 이러한 책들은 많은 설계 문제들을 해결하는 실용적 조언들을 담고 있다. 일반적인 기획 목적을 위해 아래와 같은 지침을 활용할 수 있다.

- 전형적인 전시물 하나에 약 100제곱 피트(약 $9.3㎡$)의 공간이 필요하다.
- 전시공간을 마무리하는 데는 제곱피트 당 약 250달러의 평균 비용이 필요하다(새로운 전시물 및 주변 통로 포함).
- 완전히 새로운 전시물을 개발하는 데는 최소 몇 백 달러(거울)에서 몇 십만 달러 혹은 그 이상(컴퓨터 프로그램의 분기)의 비용이 든다.
- 한 전시물의 유효한 전시수명은 5년에서 7년 사이이다.
- 10명의 사람이 기계실, 전기 및 그래픽 기구들을 사용하여 전적으로 전시물 개발에 몰두하면 1년에 약 12개의 전시물을 기획, 시제품 제작, 완성, 설치할 수 있다. 물론 이 작업을 여러 업체에 나누어 더 빨리 진행할 수도 있다.
- 아주 작고 관람객이 많지 않은 과학센터의 경우, 자원봉사자나 물품을 기증받아 훨씬 더 값싸게 만들 수도 있다.

참고문헌

Douglas A. Johnston, "The Law of Museum Safety," *International Journal of Museum Management and Curatorship,* Vol. 6 (1987).

Jeff Kennedy, *User-Friendly: Hands-On Exhibits That Work* (Washington, D.C.: ASTC, 1990).

Beverly Serrell, *Exhibit Labels: An Interpretive Approach* (Walnut Creek, Calif.: AltaMira Press, 1996).

Smithsonian Guidelines for Accessible Exhibition Design, Smithsonian Accessibility Program, 한편 ASTC web site, www.astc.org.의 Accessible Practices 영역에서도 볼 수 있다.

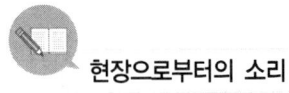 현장으로부터의 소리

일일 과학자

••• 쉬플리 뉼린 주니어(J. Shipley Newlin Jr.)

에릭 로저스(Eric Rogers)는 그의 저서 『탐구심을 위한 물리』(Physics for the Inquiring Mind)에서 "과학을 이해하기 위해서, 각 학생은 자신의 마음속에서 '일일 과학자'가 되어야 한다"라고 썼다. 이 원칙이 1999년 초에 미네소타 과학박물관(Science Museum of Minnesota)에서 열린 실험 갤러리로 우리를 이끌었다.

실험 갤러리에서, 우리는 실험하기를 권장하고 성과를 낼 수 있는 도구들을 관람객들에게 제공하기 위해 최선을 다했다. 우리는 관람객들이 일어나는 현상들을 가지고 놀며, 각자 개인의 질문들을 생각해 내고, 그리고 관람객들 또한 우리만큼 전시물을 즐겨주길 원했다.

우리는 방문객들이 사고를 많이 하는 방법으로 전시물에 다가가고 과학자의 역할을 할 수 있는 편안한 환경을 만들기 위해 노력했다. 당연할 수 있지만, 관람객들에게는 주어진 전시물과 탐구하려는 문제들에 친숙해지기 위해 충분한 시간을 보낼 수 있도록 앉아서 쉴 공간이 필요하다. 여러 가지 변수들이 주어져 다양한 결과가 나올 수 있게끔 하는 것이 중요하다. 우리는 가구들을 중요시 하지 않았으며 매끄러움과는 거리가 있었다. 실험 갤러리에 있는 모든 것은 독창적이었으며, 관람객들은 의미를 발견할 것을 기대하며 찾아온다. '실험 갤러리'라는 공간의 명칭 자체가 관람객들이 해야 할 역할을 정해준다.

물론, 궁극적으로 과학은 발견의 기쁨만이 아닌, 사물에 대한 논의와 설명을 할 수 있어야 한다. 대화 없이는 과학 또한 있을 수 없다. 그래서 일주일에 80시간 동안, 실험 갤러리에는 과학을 좋아하고 관람객들과 대화를 나눌 준비가 되어있는 현장 직원들을 배치했다. 그들은 전시장을 운영하고 전시물들을 관리한다. 그들은 전시물이 잘못되면 교체하거나 심지어 치워버릴 수도 있다. 방문객들에게는 직원들과의 만남 또한 경험의 일부임이 분명하다.

이러한 개인적 상호작용이 매우 중요하기 때문에, 우리는 실험 갤러리 직원들을 뽑고 훈련시키는 데 신중을 기했다. 대상물에 대한 배경 지식을 갖고 있고, 과학을 사랑하며 과학의 아름다움과 경이를 찾는 사람을 고용하였다. 사람들을 좋아하고 도전하는 것을 두려워하지 않는 사람들을 찾았다. 우리는 직원들에게 붙임성 있고 친절하며 도움이 되며(결코 관람객들에게 대신 해주지는 않지만) 주의 깊은 대화를 통해 모범을 보이도록 격려하였다.

평가 결과 관람객들이 전통적인 전시물들보다 실험 갤러리에서 더 오랜 시간을 보내며, 가설을 그럴듯하게 발전시키고 시험하며 본인들이 참여한 실험에 대해 대화하는 것을 볼 수 있었다. 많은 관람객들이 실험 갤러리에서 30분 이상을 보내는데, '일일 과학자'가

되는 경험의 일부로 전혀 문제가 되지 않으며 이는 우리의 즐거움 이었다.

제이 쉬플리 뉴린 주니어(J. Shipley Newlin Jr.)는 미네소타과학박물관에서 물리학 이사 및 기술이사로 근무하고 있다. 그는 미네소타 세인트 폴(St. Paul)에서 미적분과 세포 생물학 박람회가 발전할 수 있게 한 주역이다.
실험 갤러리에 대한 자세한 내용은, *Experiment Bench: A Workbook for Building Experimental Physics Exhibits* (세인트 폴: 미네소타과학박물관, 1994)를 참조하라.
이 글은 "A Scientist for a day: Exploration and Discovery in Museum," *ASTC Dimensions*, September/October 2001.에서 발췌한 것임

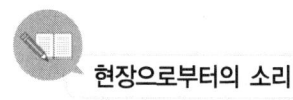 현장으로부터의 소리

교사와의 상호협력

••• 콜린 블레어(Colleen Blair)

과학센터는 교사와 어떤 종류의 상호 관계를 가져야 할까? 교사들은 과학센터로부터 어떤 지원을 가장 필요로 하고 원하는 것일까? 몇 년 전에 교육발전협의회의 카렌 워쓰(Karen Worth)는 "과학센터는 배우는 과학과 해보는 과학 사이의 다리"라는 말을 했다.

2001~2002학년도에 포트워쓰과학·역사박물관(Fort Worth Museum of Science and History)은 1,500명이 넘는 교사들과 함께 일하면서 배웠다. 그 결과는 관계를 쌓고 다리 역할을 한다는 목표를 완수하고자 하는 우리들의 믿음을 강화시켰다. 그러나 각각의 관계는 서로 달랐다. 서로 다른 시간과 에너지의 투자 필요량이 서로 달랐으며 교사들마다 구체적 요구가 서로 달랐다. 우리의 임무는 우리의 프로그램에 참가한 모든 사람들의 소리에 귀를 기울이고 최선을 다하는 것이었다.

학교지원 책임 일을 맡아하는 동안, 나는 네 가지의 주된 지원 형태 또는 과학관과 교사의 관계를 위한 진입점을 보았다. 나열해 보면;

- 나는 학생들을 소풍을 데려가길 원하며, 그 방문이 나의 교육과정 및 '텍사스 지식과 기술의 본질(*Texas Essential Knowledge and Skills:* TEKS)'과 연결되기를 바란다.

- 해마다 학생들을 과학관에 데려오는 초·중등학교 교사들은 "고부담 시험"이라는 환경에서 일하고 있다. 우리는 그들의 요구에 따라 TEKS와의 연결된 교사지원라인(Educator Support Line) 전화를 구축하였으며, 다양한 사전·사후 및 현장 활동을 제공하였으며, 무료 미리보기 날을 만들어 직원들이 교사들의 방문 계획 수립을 지원했다.
- 또한 방문하는 교사마다 두 장의 '다시 와서 자신의 학습에 대해 생각하기' 무료입장권을 주었다. "120명이나 되는 학생들을 책임져야하는 상황에서 자신만의 학습에 집중하는 것은 불가능하다. 우리는 당신이 한가한 시간에 다시 와서 과학관을 좀 더 잘 알아가기를 바란다."라는 솔직한 안내 글이 적혀있다.
- 나는 월요일에 내 학생들에게 뭔가 해주고 싶고, 그리고 과학관에 대해 더 잘 알 수 있는 시간을 갖기를 원한다.
- 토요일 워크숍은 비교적 짧은 3~6시간 내에 과학관 내용에 대해 좀 더 알기를 원하거나, 어떻게 하면 과학관의 소장품, 프로그램 자료와 직원들에 대해 더 깊이 알 수 있는지 궁금해 하는 200명 이상의 교사를 위해 마련되었다.
- 나는 우리 교사들이 당신과 함께 며칠 보냈으면 좋겠다. 그들은 처리 기술에 대해 좀 더 알아야 하며, 전시물 대한 그들의 이해를 심화시켜야 할 필요가 있다.
- 교장들과 지역 과학 감독관들은 교사가 특정 기술을 구축할 수 있도록 도와주기 위해 항상 사려 깊은 환경을 찾는다. 우리는 학교와 함께 다년간 협력프로그램과 '공동 전문 개발의 날'을 발전시켜

왔다. 각각의 경험은 개별 학교 혹은 지역의 요구를 충족하도록 구성되어 있다.

- 나는 과학자들과 함께 현장에서 일하기를 원한다. 우리 지역에 의문을 풀 수 있는 장소가 있었으면 좋겠다.
- 몇 주 간의 여름 강습회와 후속 지도는 관례를 바꾸고, 학습공동체를 만들며, 충분하고 변화시킬 수 있는 힘이 있는 경험을 지원할 수 있는 학습 환경을 만든다. 이것이 우리가 텍사스 교육지도자들과 교류하는 가장 깊고 가장 강력하며 가장 특이한 작업이다.

여느 교육기관처럼 포트워스과학·역사박물관도 미래를 창조하기 위한 능력을 끊임없이 갱신해왔다. 제도적으로, 우리는 미래의 한 구성요소는 교육자들과 평생의 관계를 만들어 내는 것이라고 믿고 있다. 우리는 특별한 관람객을 위한 새롭고 특별한 교육환경이 만들어 질 것을 기대하고 있다.

콜린 블레어는, 텍사스 포트워쓰의 포트워쓰과학·역사박물관에서 학교서비스와 평가 이사를 맡고 있다. 이글은 "Extraordinary Environments: Sharing Science with Teachers," ASTC Dimensions, November/ December 2002에서 발췌되었다.

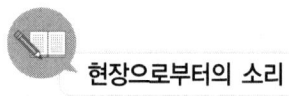 현장으로부터의 소리

교육계획의 수립

••• 로라 마틴(Laura Martin)

아리조나 과학센터(Arizona Science Center; ASC)의 새로운 건물이 완공되기 3년 전에 센터의 이사로 부임했을 때, 나는 새로운 센터의 교육 목표가 명확히 표시된 광범위한 문서화의 한 부분으로 교육 계획이 만들어져야할 필요성을 발견했다. 이 계획은 그 후 몇 년 동안 직원들이 프로그램의 우선순위를 정하거나, 구성, 대상 고객, 그리고 프로그램의 범위 및 영향을 책임자에게 보고하는데 도움을 주었다. 가장 유용하다고 입증된 계획의 내용들은 다음과 같다.

과학센터의 교육적 접근 설명

나는 "직접해보는 재미"와 같은 광고처럼, 우리가 진작시키려는 인지와 정서적인 과정을 명쾌하게 설명하는데 있어서 평범함을 넘어선 것을 원했다. 나는 학교 밖 학습과 선입견 및 우리가 만든 것과 같은 종류의 학습에서 활동과 경험을 촉진하도록 설계될 수 있는 방법에 대한 연구를 검토 했다. 그래서 두 가지의 다른 제시 방법인 목록 리스트와 좀 더 긴 문서의 방식으로 글을 썼다. 이러한 사고 방법의 목표는 전적으로 직원들이 우리가 전시물과 프로그램을 통해 제공하려는 경험의 성격을 명확하게 이해하게 하는 것이다. 이 계획에는 예를 들어, 어떤 종류의 개입촉진자가 포함되었는지, 그들이 제안하는 개입이 얼마나 많은지 등의 가닥이 잡힌다. 이것으로 직접 참여해보는 실험 활동이 반드시 마음에 남는 활동으로 이어지지 않는다는 생각을 하게 되었던 것이다.

고객의 서로 다른 부분적인 요구와 각각의 제공에 대한 설명

계획상으로는 유치원생과 부모들, 10대들, 학교 단체들, 다른 수준의 교사들, 여러 세대의 가족, 노인들, 혼자 온 성인들, 지역사회 단체들, 특별한 목적을 가진 과학관 방문자들, 그리고 사업단체들을 시장의 각 부분들로 간주 한다. 어떤 부분이 주어진 자원들의 핵심 활동에 가장 중요한지, 우리가 제한된 방식으로뿐만 아니라 좀 더 다른 서비스를 제공 할 수 있는지 결정한다. 예를 들어, 높은 수준의 부분보다 10대들에게 목표를 둔다면, 우리는 10대들에게 과학센터에서 일해 볼 기회를 권하기로 계획했다. 이 훌륭한 제안은 그들의 발전적인 요구들을 들어주고 우리의 자원 내에서 활동하는 것을 허용하는 반면에 지원하기 어려운 부분에 대해서는 돈을 쓰지 않는다. 다른 많은 센터들과 마찬가지로, 우리의 지역사회에서 온 실체적이지는 않지만 다수의 학생들이 통틀어 훨씬 중요하게 기여한다는 것을 현장에서 깊이 경험할 수 있었다.

프로그램운영시간표

교육적인 경험은 지역사회와 직원 훈련, 직원들의 좋은 의도에 의한 많은 조정 등의 내·외부적인 접촉으로 쌓인다. 교육계획은 시작부터 새로운 직원과 일반인을 위하여 함께 한다는 목표를 포함한다. 그리고 개관 후 1년이 지나거나 3년 후에도 같은 목표이기를 기대한다. 그 계획에 따라 얻어진 전문지식을 기대할 수 있었다.

교육 계획은 또한 개관 후 3년 동안 준비한 종합적인 평가를 통하여 목표를 분명히 할 수 있게 했다. 평가가 끝나고 나면 새로운 계획을 준비했다. 그것에 의해 다른 예산을 계획하며 프로그램을 만드는 직원이나 우리 지역사회와의 접촉 심화를 위한 다른 목표를 세우는 등 첫 3년 동안의 결과는 다음 단계의 업무로 우리를 인도했다.

> 로라 마틴(Laura Martin)은 피닉스의 아리조나 과학센터에서 연구와 프로그램의 감독으로 재직한 후 샌프란시스코의 익스플로라토리움에서 비정규학습과 과학을 위한 센터(the Center for Informal Learning and Science)와 교수 및 학습 센터(the Center for Teaching and Learning)에서 연구 감독으로 일하고 있다.

견 해

놀이로 접근하는 과학

●●● 데이빗 호킨스(David Hawkins)

"맞아? 그것 밖에 없어" 워터 랫은 튕기듯이 앞으로 몸을 숙이며 진지하게 말했다. "날 믿어, 젊은 친구. 별거 없어, 단순히 뱃놀이를 즐기는 것보다 가치 있는 일은 절반도 안 돼. 그냥 즐기는 거야." 그는 눈을 지그시 감았다. "뱃놀이, 즐기는 거야"

- 케네스 그레이엄(Kenneth Grahame), 버드나무에 부는 바람 -

대학 교수로서 나는 오랫동안 학생들이 겪는 지적인 과정에서의 어려움이 대학수업 자체의 어려움보다는 주로 가정환경과 그들이 정규교육을 받기 시작한 처음 몇 년간에 주로 기인한다고 생각해 왔다. 예를 들어, 프톨레마이우스의 천문학(천동설)을 이해하지 못하는 것처럼 보이는 학생은 알고 보면 아주 간단하고도 "명백한" 운동의 상대성이나, 빛과 그림자의 간단한 기하학적 관계에 대한 확실한 지식을 갖고 있지 않는 것으로 드러났다. 때때로 이러한 학생들을 위해 "유치원 재방문[3]"이라 부를 수 있는 실험실습 형태가 그들의 지적인 힘에 극적으로 작용하였다. 천정이 보일 때까지 고개를 뒤로 젖히고 발꿈치를 들어 회전해 보라, 그리고 다시 반대방향으로 몸을

---
3) 단순하고 간단한 사고방식으로의 전환

회전해 보라. 넘어져선 안 된다.

지난 2년간 초등과학 연구를 진행해오면서 나는 어린이들의 과학 학습에 대해 고지식한 대학 교수로서는 놀랄만한 경험을 가지고 있다. 현재 나는 내가 초기에 가졌던 막연한 느낌이 옳았다고 확신하고 있다. 이들 확신에 대해 언급하면서 나는 연구팀의 다른 동료들이 내게 준 강한 영향을 인정해야만 한다. 연구팀에는 대학교, 고등학교, 초등학교 교사 등 다양한 배경과 과학과 교육에 대한 다양한 입장을 갖고 있는 사람들이 모였다. 시범 수업과 새로운 교육과정의 개발과정에서 우리는 점차 합의를 이뤄나갔지만 여전히 서로 동의하지 않는 부분들도 많이 있었다. 그래서 내가 여기에 기술하는 생각들의 개요는 나만의 것이지, 내 생각에 많은 영향을 준 연구팀의 생각을 대변하는 것은 아니다. 내가 얘기하는 것은 단지 시작에 불과하다. 설사 이것이 옳다 하더라도 여전히 많은 의문이 남으며, 그 결과 추가적인 의견 차이를 초래할 수 있다. 교육이라는 더욱 복잡한 문제에서는 당연히 그럴 수밖에 없다. 내가 이야기하려는 것들이 초등교육의 모든 부분에 적용될 수 있다고 나는 믿는다. 하지만 여기에서는 일단 과학교육에만 한정하도록 한다.

내 생각으로는 학교에서의 과학 교육은 세 가지의 방식 혹은 단계로 나누어진다. 이 단계들은 어린이, 학습자료, 그리고 교사들 사이에 유발되는 관계가 서로 다르다. 다른 말로, 수업이 어떻게 보이고 들리게 만드는가에 대한 방식이 다르다고 할 수 있다. 나는 좋은 과학 교육은 비록 이것이 어떤 물리적 규칙을 따르지 않고 똑같지 않을지라도 단순한 원칙들을 따라 한 단계에서 다른 단계로 어떤 패턴에 의해 발전해 나간다고 믿는다. 이러한 단계들 간에는 순서가 필요가 없으므로, 첫 번째, 두 번째, 세 번째 단계라고 부르는 대신 기억을 돕기 위해 ●, ▲, ■와 같은 표시를 사용하겠다.

● 단계: 시간에 구애 받지 않고 안내가 필요 없이 자유롭게 탐구활동(원한다면 놀이라고 불러도 되지만 나는 활동이라 한다)에 전념할 수 있는 시간이 주어진다. 아이들에게 재료와 장비들을 주고 추가적인 질문이나 지시사항 없이 이들을 활용해 무엇인가를 만들고 시험해보고 조사해보도록 한다. 나는 이 ● 단계를 "빈둥거리는"(Messing about) 단계로 부르는데, 이는 자신의 보트를 아무 생각 없이 강둑으로 몰고 가더니 일어서서 계속 걸어가며 생각하는 즐거움의 방해를 받지 않으려했던 철학자 워터 랫(Water Rat)을 기리기 위한 것이다.

"보트 안에 있건 보트와 함께... 보트 안 또는 밖 그건 상관없어. 아무것도 정말로 중요한 것은 없어, 그것이 매력이지. 네가 어디로 가건 가지 않건; 네가 목적지에 도착하건 다른 어떤 곳에 다다르건 혹은 그 어느 곳에도 이르지 못하건, 너는 항상 바쁘고 특별히 아무 것도 하지 않을거야. 그리고 네가 무엇인가를 했다면 항상 또 다른 해야만 하는 무엇인가가 생기고 네가 하고 좋아하면 그것을 할 수 있지만 너무 많이 하지 않는 것이 좋아."

전문 용어로 이런 종류의 상황을 "구조화되지 않은"(Unstructured)이라고 하는데 이는 잘못된 것이다. 몇몇 회의론자들은 이를 혼란이라고 부르기도 하는데 이 역시 결코 맞지 않다. "구조화되지 않은" 이라는 표현은 잘못되었는데 왜냐하면 마치 보트와 강이 있는 곳에 골풀과 잡초 그리고 건포도 과자 같은 냄새가 나는 진흙이 있듯이, 수업에도 항상 무엇을 나타낼 것인가에 관한 구조화의 종류가 존재하기 때문이다. 이러한 의미에서 아이들, 교사, 그리고 관련된 모든 배경에 의존하는 구조화는 가장 중요하다.

내가 겪은 최근의 사례를 한 예로 들어보겠다. 어느 날 아침 5학년 교실에서 두세 개의 추가 실에 매달린 간단한 틀을 나누어 주었다. 틀은 학생 두 명당 하나씩 주어졌다. 이전의 두 번에 걸친 시범수업에서 우리는 똑같은 자료로 학생들이 실험을 시작하기 전에 이중 진자의 신기한 현상을 시범을 통해 보여주고 질문을 하도록 허용하는 등 좀 더 "구조화된" 수업을 진행하였다. 이때 진자가 흔들리는 기구에 대한 안내만 실시했을 뿐이었다. 이런 식으로 시작하면서 나는 단순히 약 두 시간의 "빈둥거림"이면 충분할 것이라고 생각했다. 그러나 두 시간이 지난 후 두 시간을 더 늘려 주었고, 결국에는 몇 주를 더 늘려 주어야만 했다. 이 모든 시간 동안 학생들이 지루해하거나 혼란스러워하는 증거는 거의 없었으며, 우리가 준비했던 대부분의 질문들이 예정에 없이 튀어나왔다.

왜 우리는 이렇게 긴 시간을 연장해 주었을까? 첫째, 이전 수업들을 통해 우리가 "빈둥거리는" 쪽으로 방향을 잡았을 때 모든 것이 더 잘 흘러가는 반면, 학생들로 하여금 무엇인가를 하도록 강하게 붙잡고 있을수록 잘 흘러가지 않았음을 알아차렸기 때문이다. 이 학생들이 진자운동에 대한 단순한 현상에 대해 온전히 알고 있지 못하고 그래서 경험을 통해 이해할 수 있는 통각적 배경을 갖게 해서 더 분석적인 종류의 지식이 갖추어질 수 있도록 해야 한다는 것이 분명했다. 둘째, 우리가 이러한 방식을 허락한 이유는 우리가 아이들로부터 새로운 종류의 피드백을 받고 있고 아이들의 관심이 어떠한 경로를 통해 진화하고 발전하는지 보고 싶었기 때문이다. 우리는 더 높은 수준의 참여와 다양한 실험을 할 수 있었다. 우리의 역할은 단지 이곳에서 저곳으로 옮길 수 있도록 도와주는 것이지 결코 의식적으로 격려나 지시를 하는 것은 아니었다.

이러한 지시의 부재에도 불구하고 5학년 학생들은 진자에 대해 꽤 잘 알게 되었다. 그들은 길이와 진폭을 다르게 해보거나, 다른 종류의 추를 사용해보거나, 여러 개의 추를 활용해보거나, 줄을 바꿔보는 등 다양한 방식으로 운동의 조건을 변화시키면서 탐구를 하였다. 혹시 당신은 물속에서 진자를 실험해본 적이 있는가? 이 학생들은 그렇게도 해보았다.

어른들의 많은 도움이 없이도 현상에 대한 자발적이고 분명한 즐거움을 뛰어넘는 많은 종류의 발견이 이루어졌다. 그래서 발견들이 이뤄지고, 기록되고 잊히고 또 발견되고 하였다. 이 점이 왜 약간은 독단적인 "발견 방법"이 나를 괴롭히는지 설명해준다고 생각한다. 뉴턴 역학의 추상적 개념이 주위를 새롭게 둘러싸는 것과 같은 학습의 가장 기초적인 수준에서도 절대 서두르지 말라. 마음이 물리적 이해를 이끌어나갈 추상적 개념을 발전시켜 나갈 때 우리 모두는 작은 사실들을 진정 이해하기 위해 무지와 통찰의 경계를 수도 없이 건너야 하는 것이다. 통찰의 성장이 없는 "발견"은 우리가 진정 추구해야 하는 것이 아니다. 이러한 사실들은 그저 어린나무들이 때때로 스스로 자라도록 내버려두어야 하는 것이다.

나는 "빈둥거리기" 단계를 한정적이고 본질적인 물리의 우아한 주제를 가지고 사례를 들어 설명하였다. 세부적으로는 다를지 몰라도 다른 분야에서도 본질적인 정당성은 같다. 연못에서 발견할 수 있는 "빈둥거리기"는 워터 랫 자신이 선택한 연구 분야와 매우 유사하다. 여기에서 함축된 구조는 진자운동이나 행성궤도와 같이 엄격하고 명백한 것과는 매우 다른 분위기의 자연이다. 그리고 큰 일반화나 생물에 관한 커다란 질문을 던지기 전에 다양한 사물이나 현상에 대한 단순한 지식이 필요하다는 것은 명백하다. 차이점들에 상관없이 "빈둥거리기"에 대해 일반적인 정당화에 대해 간단히 언급하고 싶다.

이 단계는 아이들이 이미 배운 것, 그들의 도덕적, 지적, 그리고 미적 발전의 대부분의 근원을 학교에 넘겨주기 때문에 그 무엇보다 중요하다. 만약 교육이 어린이들이 태어나면서부터 배운 모든 것들, 자연과 인간 세상에서의 삶으로부터 오는 모든 것을 포함하도록 정의된다면, 어떤 분별 있는 방식으로 측정하더라고 5-6세까지 얻은 것들이 다른 시기들의 것들을 압도할 것이다. 우리가 교육을 학교에서만의 것으로 폭을 좁힌다면 초기의 눈부신 과정을 내던져버리는 위험을 무릅쓰는 것이다. 우리는 5세 어린이들이 이런저런 것들의 숙련도에 있어 매우 불평등하다는 것을 안다. 우리는 또한 이러한 불평등의 대부분이 특별한 경우를 제외하곤 선천적인 차이점인 것으로 위장되고 있다는 것을 알고 있다. 이 점이 바로 도덕적으로 그리고 이제는 온전히 경제적 필요에 의해서 보편적 교육을 수행하는 사회 속에서 교육자로서 우리가 직면하고 있는 것들이다.

따라서 이러한 초기 교육의 방법들을 지속적으로 배양하기 위해서, 즉 학교에서의 좋은 출발을 위해, 아이들을 자유롭게 연계시켜서 유치원이나 학교가 아이들에게 마르고 건조한 사막이 아니라 정원과도 같이 보이게 하기 위해서는 내가 ● 단계라고 부르는 "빈둥거리기"에 많은 강조를 둘 필요가 있다. 아이들은 좀 더 유치한 것들은 차차 멀리할 수 있지만, 이렇게 정원처럼 느끼게 하는 것들을 1학년 혹은 10학년 단계에서 끝나게 할 것은 아니다. 시간이 지남에 따라 이 단계는 다른 단계와의 좋은 결합을 통해 아이들과 함께 발전해 나갈 것이며 결국 그 질을 변화시켜 나갈 것이다. 이는 항상 아이와 같이 순진한 것으로 남겠지만 더 이상 유치하지 않은 작업 방식이 되어 창의력의 본질이 되는 스스로 조사하고 탐구하는 방식이 된다.

학교가 시작되었을 때 아이들이 집에서 가져오는 학습의(학습을 억제하는) 다양함은 제한된 범위의 공통적인 문화와 경제적 배경 사이에서도 참으로 대단하다. 이것을 인정하고 아이들이 유치원에 가져오는 모든 종류의 가능성과 배경에 마음을 쏟으면 당신은 표준화, 형식화된 시작들의 어리석음들을 보게 될 것이다. 우리가 학습의 미묘함에 대해 깊이 모르고 있지만, 한 가지 원칙만은 강하게 지켜야 한다. 이는 바로 학습의 내용과 방향, 그리고 방식에 있어 어느 정도의 지속성이 제공되어야 한다는 것이다. 좋은 학교들은 학생들이 실제 무엇을 알고 있는 지에서부터 시작해서 사실상 무엇을 배우고 있는 지로 넘어가고 무엇이 학생들을 지속적으로 배움에 관여토록 하는 지로 연결한다.

▲ 단계 : 어린이들을 통상적인 방식으로 이끌 때에는 항상 앞서 나가는 아이들과 뒤처지는 아이들이 생기게 마련이다. 학교에서 수년 동안 이런 방식이 일반화되다보니 이는 "능력"의 수준에 대한 어느 정도 고정된 믿음을 가져와서 "미달"과 "초과" 성과라는 것들을 만들어 낸다. 자 이제 당신이 "빈둥거리기" 개념을 많이 도입한다면, 이 격차는 줄어들지 않고 늘어날 것이다. 전통적인 관점에서 볼 때 이는 상황이 나아지는 것이 아니라 악화된다는 것을 의미한다. 하지만 나는 이것이 나빠지는 것이 아니라 좋아지는 것이라고 말한다.

만일 이렇게 시작한 후에 고삐를 조이고 "본격적으로 사업에 착수"한다면, 어떤 아이들은 벌써 당신의 방식에 앞서서 나갈 것이고 당신은 당신이 아이들을 성공적으로 이끌고 있다고 믿게 될 것이다. 하지만 다른 아이들은 꽤 다른 길을 가게 될 것인데 그러면 당신은 그들을 당신의 방식으로 돌려놓기 위해 꽤 애를 쓸 것이다. 이런 아이들의 눈으로 보자면 당신은 리더가 아니라 싫증나게 하는 사람이다. 이는 이미 앞서 언급했던 진자 수업에서, 실망을 줄 정도로 간단해 보이는 진자로부터 특별한 순서 없이 많은 질문들을 이끌어 냈던 것에서 명확하게 확인할 수 있다. 그래서 각각의 아이들이 선택하는 길이 바로 그에게는 최고의 선택인 것이다.

결과는 명확했지만 이를 알아차리는 데에는 시간이 걸렸다. 만약 당신이 아이들이 선택한 방법대로 학습을 전개하는 것을 허용한 이상, 당신은 그들 작업의 개성을 유지할 수 있도록 해야 한다. 만약 아이의 학습이 그렇게 시작된 후 예컨대, "그냥 맛보기였어"라는 말로 어른의 지위를 이용해 아이 스스로 발견한 가장 가치 있는 일을 가치 없다고 얘기해서는 안 된다. 따라서 만약 "빈둥거리기"가 좀 더 외적으로 안내되고 훈련되는 학습으로 이어진다면, "다중 프로그램" 된 자료가 동반되어야 한다. "다중 프로그램"이란 학생을 위한 글과 그림으로 이루어진 안내 자료이며, 주제의 다양성과 순서 등에 있어 최대한의 가능성을 갖도록 설계되어야 하며, 아이들이 자신만의 방식으로 참여하는 다양한 주제를 더 잘 이끌어 나갈 수 있도록 도와주는 재료로서의 이용이 가능해야 한다.

훌륭한 교사들이 이를 자신만의 방식으로 얼마간 진행해왔지만, 이는 명백하게 교과과정을 디자인하는 이들에게 도움이 되는, 교사와 학생들을 위해 다양한 선택을 주고 교사들로 하여금 "리더-끌어당기기만 하는 사람"의 단일 경로로부터 벗어나서 집단 활동의 다양성에 있어 진정한 논리적 도움과 격려를 줄 수 있는 그러한 단계라고 볼 수 있다. 이러한 자료들은 훌륭한 설비를 포함하지만 무엇보다도 이는 친숙한 것에서부터 낯선 것에 이르는 여러 차례의 시작을 의미한다. 앞서 언급했던 진자 수업을 위해 이런 자료들이 준비되지 않았었고 이는 지금도 갖고 있지 않다. 나는 이러한 자료를 만들기 위해 노력하고 있고 다른 이들도 함께 할 수 있기를 바란다.

진자 수업의 역사상 무엇이 필요한지 내가 알게 된 것은 어느 특별한 날이었다. 동료 교사는 휴가 중 이었다(나는 관찰자였고 그녀가 교사였다). 작업의 단계를 좀 더 체계적으로 하기 위해 모두가 같은 실험을 할 것이라고 이야기 했다. 나는 단호하게 이야기했고 물론 학생들은 이에 기꺼이 따랐다. 하지만 실험에 대한 내 제안이 끝나자마자 학생들 중 일부에서 즉각적으로 흥미가 떨어지는 것을 볼 수 있었다. 추가 여러 개이거나 특이한 모양일 때 진자의 길이에 대한 질문을 유도할 계획이었다. 몇몇 학생들은 그 질문을 했으나 다른 학생들은 그럴 필요를 못 느꼈다.

대학 교수로서 내가 가지고 있는 요령을 이용함으로써 "길이"를 보는 준비가 다름에도 불구하고 수업은 잘 진행되었다. 칠판에 개략적인 그림을 그려서 길이와 추의 모양 및 크기가 다른 여러 진자들을 보여주었다. 어떤 것들이 "같이 움직일까?"

학생들의 눈에는 이미 진짜 진자가 가득했으므로 그들은 칠판에 그려진 진자들도 흔들리는 것으로 볼 수 있을 거라고 생각했다. 지난 몇 주간에 뿌려지고 가꿔진 통찰의 열매를 수확하는 세미나가 전개되었다. 그럼에도 불구하고 공허한 느낌을 가졌다. 공통 기반이 있는 학급에서만 잘 진행되었다. "빈둥거리기" 상태에 반하여 모든 것이 순조롭게 진행되었다. 차후 동료들과의 토론에서 우리가 우리 작업에 있어 매우 중요한 단계, 내가 말하는 ▲ 단계 또는 다중 프로그램을 빼먹었다는 것이 명확해졌다.

일반적으로 교실에서의 충분한 다양성은 교사가 적은 수의 학생들을 맡았을 때만 가능하다는 의견이 있다. "아마 그렇게 할 수도 있을 것이다. 하지만 43명이나 되는 내 수업에서 시도해 보아야만 한다." 난 적은 수의 학생으로 이루어진 수업의 중요성을 너무도 인정한다. 하지만 이런 특별한 경우, 이 말은 대규모 수업에서도 학생들이 필연적으로 하려고 하고 기회가 주어진다면 학생들의 작업을 다양화 할 수 있다는 것이다.

소위 "능력별 모둠화"는 오늘날 인기 있는 방법이지만, 이는 진정한 동기부여 측면에서는 전혀 해답이 아니다. 통상적인 측정을 존중하는 동일한 모둠으로 이루어진 그룹들은 특정 계층이 없는 그룹만큼 그들의 취향과 즉흥적인 흥미가 다양한 것에 다름이 없다. 이질적인 학생들로 이루어진 그룹의 뛰어난 학생들이 진도가 너무 늦어서 쉽게 지루함을 느낀다는 불만은 다음의 질문을 생각해봐야 한다. "그렇다면 배우는 게 느린 학생들은 지루하지 않은가?" 학생들이 배움에 있어 자율성이 없다면 누구나가 지루함을 느낄 것이다. 그러한 상황에서 일이 많은 교사들은 마치 로마의 격언에 나오는 "운명은 의지를 이끌고 내키지 않는 것은 끌고 간다."는 운명의 역할인 "끌고 가는 리더"가 될 수밖에 없다.

"빈둥거리기"는 초기에 꼭 필요한 자율성과 다양성을 만들어낸다. 이는 초기에는 좋고 꼭 필요하지만 안내와 지도가 필요한 중기에는 적합지 않다. 진자의 예를 다시 한 번 설명하자면, 나는 두꺼운 카드 세트를 하나 만들어 다음의 주제들을 다루고 싶다.

1. 진폭과 주기의 관계
2. 주기와 추의 무게와의 관계
3. 진자의 길이는?(이상한 모양의 추인가?)
4. 쌍진자, 복합진자
5. 운동의 감쇄(그리고 반감기)
6. 끈 진자와 막대 진자의 비교

7. 수중 진자

8. 진자로서의 팔과 다리(개, 사람, 코끼리)

9. 다른 종류의 진자-용수철 등

10. 모래를 떨어뜨려서 패턴과 그래프를 만드는 추

11. 진자시계

12. 참고문헌을 포함한 역사적 자료들

13. 교실이나 도서관이 보유하고 있는 색인카드와 연계된 영상

14. 떨어지는 물체, 기울어진 비행기 등 다른 주제와의 교체 색인 카드

15.-75. 다른 이들을 위해 학생들과 교사들이 채우기 위한 비어있는 카드

  이는 단지 예시일 뿐이다. 기초과학의 각 분야는 거기에 맞는 다중 프로그램된 자료들이 있을 것이다. 물론 이러한 자료들을 구성하는 방식은 주제에 달려있다. 비어있는 카드가 항상 다른 나머지 카드보다 훨씬 많이 있어야 한다.

  여기에 마지막 교훈이 하나 더 있다. 이러한 파일은 일종의 프로그래밍이지 기계적 암기나 단순한 어휘 학습의 바탕으로 어른들이 거쳐 가는 과정을 아이들이 답습하게 해서는 안 된다. 각각의 항목들은 단순하고, 그림이 포함되어 있고, 다음 단계의 것들을 탐험할 수 있도록 안내를 제공해야지, 이전 것들을 대체하게끔 해서는 안 된다. 이 카드들은 교사들이 갖는 큰 부담을 덜어주기 위해 존재하는 것이다. 그리고 이들은 변용이 가능한 기구, 영화, 도서관, 원천자료 등이 그 곳에 있기 때문이다.

■ 단계 : 앞서 언급한 수업에서, 진자의 길이가 갖고 있는 의미에 대해 나는 다시 대학 교수의 강의 버릇으로 돌아가고 있었다. 난 이것이 다중 프로그램의 배경의 결여에도 불구하고, 진자라는 기본 주제에 대해 더 많은 것들을 얻어내며 잘 진행되었다고 이야기했다. 물론 이것은 전통적인 개념의 강의는 아니었다. 이는 질의응답이었고, 아이들 사이의 토론으로 이루어졌다. 하지만 나는 여전히 아이들을 인도하고 있었고, 이미 기대했던 좋은 생각들을 도출하려 하였으며, 예를 들어 갈릴레오에 관한 것과 같은 여러 이야기를 말하고 있었다. 다른 사람들은 더 잘할 수 있었을 것이다. 나는 방문자이자 여전히 능숙치 못한 아마추어였다. 나는 마치 워터 랫이 오후 내내 선박에서 "빈둥거림"으로써 축적한 통찰력과 같은 종류의 잠재된 통찰력을 오랫동안 쌓아왔기 때문에 성공할 수 있었다. 이는 그에 대해 여태껏 할 수 있는 이야기보다 많았으며, 그에 대해 훨씬 많은 이야기를 하였다.

물론 이것이 학습의 전부는 아니다. 신비로운 부분도 있고, 학교에서는 대부분 무시되는 그런 부분도 있다. 비록 언어는 교과서 교유의 것이 아니지만 둔해 보이는 교과서도 언어와 함께 생생하게 살아난다. 어떤 학생은 진자의 길이가 꼭지점에서 그가 생각하는 "중력의 중심"까지의 거리로 측정되어야 한다고 생각한다. 만일 그들이 균형 잡힌 물질로 많은 작업을 해보지 않았다면 대부분의 어린이들에게 이 단계는 비어있는 주전자의 손잡이나 손잡이 없는 주전자에 불과할 것이다. 그래서 나는 이 용어를 고집하지는 않았다.

덧붙여 말하자면 이들이 막대 진자를 가지고 작업한 사람을 발견할 것이기 때문에 이는 엄밀히 말해서 정확한 물리는 아니다. 비록 많은 학생들이 서로 다른 방식으로 진자를 가지고 작업을 하지만 시간이 지나면서 진지하고 확장된 토론 수업을 지속하는 공통적인 요소들이 있다. 이러한 유형의 토론을 내가 별도로 ■ 단계로 강조하고 싶은 것이다. 여기에는 정형적이건 비정형적이건 그러한 강의를 포함한다.

위에서 언급한 상황에서 우리 모두는 갈릴레오에 대해 짧은 대화를 나눌 준비가 되어있었고, 무게가 다른 물체가 함께 떨어지는 것과 똑같은 길이의 줄에 매달았을 때 함께 흔들리는 방식 사이에 어떤 관계가 있는지 질문을 던질 준비도 되어 있었다. 여기에서 우리는 약간은 깊이 있고, 15분 내에 해결이 될 것 같지는 않은, 구체적인 개념에서 추상적인 개념에 이르는 이론에 관한 질문들로 접근하고 있었다. 나는 그러한 질문들이 초기의 "빈둥거리기"나 혹은 적절한 안내 질문이나 지도 등을 통한 다양한 층의 프로그램을 통해 나타나리라고 믿지 않는다. 나는 이러한 것들은 주로 토론, 논쟁, 그리고 학생과 교사 사이의 전문적인 토론 등을 통해서 나타난다고 생각한다. 창의적 의미에서의 이론화는 경험의 내용과 이를 뒷받침 해줄 실험의 논리가 필요하다. 하지만 이들이 자동적으로 의식적인 추상화된 생각을 이끌지는 않는다. 이론은 공정하다.

우리 초등과학연구회는 우리 작업에 친숙한 이들의 마음속에(그리고 가끔은 아마 우리 자신의 마음속에도) 실험의 지지 그리고 자유, 더구나 작업의 명백한 ● 형태와 동일한 것으로 간주될 것이다. 과학교육에 ■ 형태가 만연해 있고 또 여기에 너무도 많은 시간을 쏟고 있다는 사실로부터 이것이 아마 맞고 정당화될 수 있을 것이다. 하지만 우리가 너무도 많거나 너무도 이르다는 것을 비판했던 것처럼, 우리는 적절한 시점에 대해 다시 재인식 하는 작업을 해야 한다.

나는 ●, ▲, ■ 의 순서를 매겼지만, 여기에 확정된 고정적인 순서가 있다고 생각하지는 않는다. 이러한 단계들은 다양한 방식을 통해 혼합되고 순서가 정해질 수 있을 것이다. 새로운 "빈둥거리기"가 전문 연구회의를 통해 등장할 수도 있다. 프로그램된 과정을 따라가는 절반 정도에서 새로운 현상들이 우연히 관찰되기도 한다. 초기에 보다 더 구조화된 수업에서 두 명의 여학생이 두 개의 진자의 몇몇 현상을 내가 한 그대로 따라서 재현하려고 노력하고 있었다. 그 중 한명이 "우리 것은 제대로 되고 있지 않아"라고 말하는 것을 들었다. 물론 진자는 잘못 작동하지 않는다. 이는 진자의 본성이 아니다. 진자는 항상 자연적으로 움직이며, 위 경우에 이들은 "트위스트"라고 명명된 흥미로운 에너지 전이의 춤을 보여주고 있는 것이다. 이는 내가 전에 본 적이 없었을 뿐 아니라 기쁘게도 후에 내가 이를 보여준 몇몇의 물리학자들에게도 새로운 현상이었다. 말할 필요도 없이 이것이 바로 적절한 시간과 장소에서의 "빈둥거리기"를 보여준다.

내가 이야기하려고 하는 것은 과학교육에 있어서는 주로 이 세 가지의 단계가 있고, 이 세 가지를 적절히 섞지 않고서는 이상적인 교육이 될 수 없을 것이다. 그 중 가장 간과되고 있는 것은 워터 랫이 그렇게 희망 속에서 즐거울 수 있도록 하던 것이다. 명문 교육에 대한 압박이 학생들을 실험실 미로 속의 배고픈 쥐처럼 몰아붙이는 시기에, 그들의 거칠고, 물기 많은 사촌이 삶의 기쁨을 추억하면서 교육에 대한 심오한 진실을 말했다는 것을 기억하는 것이 좋을 것이다.

데이비드 호킨스(David Hawkins)는 콜로라도-볼더 대학교(University of Colorado-Boulder) 철학과의 저명한 명예교수로, 맨해튼 프로젝트 이전의 역사가이며, 그의 아내 프랜시스와 함께 환경교육을 위한 마운틴 뷰 센터를 세운 설립자이다. 그리고 그는 88세의 나이로 2002년에 사망하였다. 이 저서의 재발행 권한은 그의 사망 전에 저자에게 부여되었다.

Ⅳ
사업 시작하기

IV. 사업 시작하기

과학센터를 누가 운영하며, 비용은 얼마나 들까? 운영비는 어디에서 마련하며, 개관하려면 무엇이 필요한가?

지향하는 미션이 무엇이든, 과학센터를 운영하는 것도 하나의 사업이므로, 이 장에서는 센터 운영에 대한 정량적 논의를 하기로 한다. 여기에서의 논의는 기본적으로 미국과 캐나다의 과학관 구조와 재정 상태에 대한 문헌 자료들에 근거한 것이다. 하지만 다른 나라 동료들과의 대화를 통해서 논의의 많은 부분들이 그들의 지역에서도 적용 가능하다는 것을 알 수 있었다.

과학센터의 세계는 다수의 소규모 센터와 소수의 대규모 센터들로 이루어져 있다. 일반적으로 센터의 물리적 크기, 입장객 수, 그리고 예산은 서로 비례하는 경향이 있다. 아주 작은 곳은 규모가 수십 평 정도이고, 매년 수만 명 정도의 관람객이 방문하며, 일 년에 대략 50만 달러 정도의 예산으로 운영된다. 아주 큰 규모의 과학관은 수천 평의 면적에, 연간 백만 명이 넘는 관람객이 찾아오며, 2천만 달러 정도의 예산으로 운영되고 있다. 여기에서 말하는 "작은" 혹은 "큰" 과학센터란 물리적인 건물의 크기, 관람객 수, 그리고 재정을 복합적으로 고려하여 구분한 것이다.

이러한 복합적인 고려를 기준으로 했을 때, 요즘 생겨나는 신생 과학센터들은 규모가 작아지는 경향이 있는데, 평균적으로 1,400평, 연간 30만 명의 관람객 그리고 4백 만 달러 정도의 운영예산이 소요된다. 하지만 이보다 규모가 더 큰 과학센터가 개관되기도 한다.

비록 소규모 과학센터와 대규모 과학센터가 미션과 기술적인 부분에서 공통적인 면들이 있기는 하지만, 예상하다시피 이들의 내부구조는 현저하게 다르다. 지역 도서관이 의회 도서관과 다른 것처럼, 과학센터도 서로 다르기 때문에 센터의 조직을 일반화한다는 것은 매우 어려운 일이다. 재정적인 면을 제외하고서라도 과학센터는 매우 다양한 정치적, 경제적 제한 상황에 직면하게 된다. 그럼에도 불구하고 몇 가지 기본적인 사업에 관한 사안들은 새로 시작하는 대부분의 과학센터에 적용이 가능하다.

운영 체제

대부분의 과학센터들은 비영리기관이며, 자원봉사 이사회와 이사회에 보고하는 유급 관장에 의해 운영된다.

이론적으로, 이사회는 과학센터의 미션을 수립하고 센터의 성취와 실패를 정기적으로 검토하며, 관장은 모든 유급 및 무급 직원들의 관리와 운영을 책임진다. 이사회는 신중한 재정운영(예를 들어, 충분한 재원을 확보하고 현명하게 사용하는 것)을 포함하여 센터의 운영에 대한 법적 책임을 진다. 과학센터의 경영진과 직원들은 기관의 목표에 맞는 새로운 정책들을 개발하고 이사회의 승인을 받은 후 실행에

옮긴다. 또한 경영진은 서로 바람직하다고 여겨지는 이사회의 활동을 지원하고 참여한다.[1]

실제적으로는 책임소재가 항상 명확한 것은 아니어서, 직원들이 종종 기금 모금을 제안하고 위원회의 기금 확대를 조직하며, 이사회 위원들도 종종 프로그램의 개발을 제안하거나 참여하기도 한다.

변화하는 지도력

작은 규모의 과학센터들은 개관하기 전 몇 년 동안, 직원을 고용할 자금이 마련되기 전까지, 이사회 구성원들이 종종 행정적인 일과 교육업무를 수행하기도 한다. 여기에는 전체를 개괄하는 본연의 업무 이외에도 제안서 작성, 우편물 발송, 시연, 셀 수 없이 많은 공공 모임 참석, 그 외에도 필요한 것은 무엇이든지 해야 하는 일이 포함된다.

차후에 과학센터가 성장하면 이러한 "일하는 이사회"의 역할은 더 이상 필요 없게 되고, 본연의 임무인 재정이나 정치적인 일을 하게 된다. 어느 시점에서, 특히 새로운 건축을 준비하는 경우, 이사회는 "재정 이사회"로 대체되어야 하는 문제에 맞닥뜨리게 된다. 신생 과학센터의 일상적 운영에 많은 시간을 쏟았던 사람과 건축을 위해 많은 자본금이나 기부금을 마련해야하는 사람과는 다르며, 이사회는 싫더라도 변해야만 한다. 이러한 변화를 위해서는 이사회와 관리직 직원들 모두에게 주의 깊은 계획이 필요하다.

과학센터가 계속 발전해 감에 따라, 특히 분관이나 중요한 새로운 시설들이 더해진다면 관리 체제를 다시 한 번 검토할 필요가 있을 것이다. 새로운 필요를 만족하고 참신한 재능을 이끌어 내기 위해 이사회는 반드시 계속 진화해야만 한다. 이는 관리직 직원들에게도 역시 마찬가지이다. 상당히 많은 과학센터의 경우, 설립되기 전에 임명된 관장들은 센터를 운영하는데 필요한 많은 부분의 자질을 갖추고 있지 못하여 관장이 새로 바뀌게 된다. 이사회와 관장 사이의 개방된 의사소통이 이러한 변화를 매끄럽게 이끌 수 있다.

직원 채용

과학센터 직원들은 대개 운영, 개발(기금 조성) 및 판매, 그리고 프로그램(전시물, 매체, 교육 기능 포함)의 세 가지 부류로 구성된다.

지역적 능력과 기관의 우선순위가 다르므로 어떤 특정한 조직구조가 선호되는 것은 아니다. 미국과학관협회의 통계조사에 근거한 다양한 규모의 과학관에 대한 직원 및 자원봉사자 수에 대한 자료가 〈부록 B〉에 포함되어 있다. 미국과학관협회는 급여에 대해서도 정기적으로 통계조사를 실시하여 발간한다.[2]

전통적인 박물관과 달리, 과학센터는 분류학적 혹은 역사적 소장품들이 거의 없으며, 그에 따라 보존과학자나 기록원을 고용하지 않고 있다. 마찬가지로, 어떤 특정 주제에 관한 전문성을 가진 큐레이터를 고용하고 있지도 않다. 대신에 부족한 인건비는 종종 프로젝트 단위로 전시물과 프로그램 개발에 관여하는 과학자들을 돕는 숙련된 소통 전문가들을 위해 배정된다. 물론 직원과 이사회 구성원들이 과학과 기술에 대해 많이 알고 이해할수록 소통을 더 잘할 것이다.

    새로운 과학센터를 운영해 나갈 기업가적인 관리자와 능숙한 과학소통가를 어디에서 찾을 수 있을까? 그들은 당신이 생각하는 것보다 훨씬 가까운 곳에 있다. 1980년대 후반과 1990년대 초반 사이에 미국과학관협회는 과학센터를 설립하려는 사람들을 위한 훈련 프로그램을 운영했다. 여기에는 미국 내 52개의 발전도상에 있는 기관과 12개가 넘는 다른 국가의 대표들이 참석했다. 대부분 직원이거나 이사회 구성원 등 다양한 그룹의 이들 "설립자"들은 다양한 분야의 전문적 배경을 갖고 있었다. 이들은 은퇴한 과학교사, 박물관 관리자, 원로 과학자, 지역 활동가(미국에서는 특히 여자 청년연맹[1]) 등으로 구성되어 있었다. 이들은 헌신적이고 열정적이었으며, 기꺼이 일을 배우거나 필요할 때 기존의 다른 과학센터들로부터 업무에 대한 도움을 받으려 하였다. 설립자들의 숫자는 충분한 것 같아 보이며 비영리 조직에 대한 경영 교육도 가능하다.[3]

    과학센터의 특징인 전시물을 만드는 사람들을 찾는 것은 더 어려운 일이다. 미국과학관협회 설립자 중에서 단지 소수만이 이러한 기술을 갖고 있거나 전시물 개발실에서 일하기를 원한다. 대부분은 전시를 담당할 지식과 재능이 있는 사람을 구하고 싶어한다. 그러나 그런 사람은 드물다. 기존의 과학센터에서 작업을 경험해왔던 사람들만이 무엇이 필요한지를 알고 있다. 직업학교나 디자인 대학원 등에서는 좀처럼 전시물 개발자를 배출하지 않으며, 그나마 전시를 개발하고

---

[1] Junior League : 상류 여성들로 조직된 사회봉사 단체

유지하는데 필요한 기술과 경험에 근접한 고등학교 과학교사들이 작업을 대신하고는 한다. 새로운 과학센터들은 종종 스스로 전시 개발자를 양성하는데, 여기에 걸리는 시간들이 과학센터의 발전을 더디게 하기도 한다. 그에 대한 대안으로, 많은 과학센터들이 시제품을 빠르게 제작해 주는 전시물 설계 회사에 의존하기도 한다. 하지만 이러한 경우에도 제작사에 대한 과학센터 내부 전시물 전문가들로부터의 지도가 필요하다.

과학센터를 설립하고 운영하는 데에 필요한 다른 분야의 전문가들 즉, 행정, 재정, 교육, 심지어는 과학자들은 쉽게 찾을 수 있다.

재정마련 방식

지난 수십 년 간, 박물관을 운영하기 위한 운영자금 마련 방식이 과학센터에도 똑같이 적용된다고 여겨져 왔다. 1990년대까지 대부분의 과학관들은 연간 운영비의 약 1/3을 정부(지방정부, 주정부, 연방정부)로부터 지원받았다. 다른 1/3은 기금이나 기부금 등의 형태로 개인이나 기업의 후원으로 충당하였으며, 그리고 나머지 1/3은 입장료, 프로그램 혹은 다른 종류의 서비스 이용비, 그리고 적기는 하지만 투자나 판매소득 등의 형태로 충당되었다. 회원제 역시 재정을 늘리는 하나의 수단으로 여겨져 왔다.[4]

발전 중인 과학센터들은 가끔 자신들은 입장료와 프로그램 이용료 등만으로 재정적 자립을 하고 싶다고 이야기한다. 이들의 전략은 우선 건물을 짓고 개관을 할 수 있는 큰 자금을 한 번 마련한 후에는 센터 자체의 수입으로만 살아남는 것이다. 오래된 과학센터들 중에서도 정부의 지원이나 후원금에 의지하기 보다는 다양한 서비스를 통한 이용료에 의존하는 비중을 크게 늘리는 방향으로 가는 경향을 보인다.[5] 지금까지 대부분의 중산층 관람객들은 적정한 입장료와 프로그램 이용료, 그리고 때때로 주차요금을 낼 의향을 보이고 있다. 이들이 계속 이렇게 남아있으리라고 여기는 것은 좋으나 이러한 의향이 얼마나 지속될지는 알 수 없다.

그러나 과학센터는 자체 수입과 입장료에만 의존하여 운영되도록 설립되지 않았다. 첫째, 성장을 위한 자금이 필요하다. 만약에 특별한 주제나 교수법에 대한 탐구를 하거나, 교사 교육과 같은 고강도의 노동 집약적 프로그램을 시작하려면 입장료만으로는 충당이 안 되는 비용을 사람과 설비에 투자해야만 한다. 새로운 실험에 드는 비용을 보증할 수 없으면 이를 포기해야만 할 것이다.

둘째, 시장에 의존하는 것은 기존의 관람객을 뛰어넘어 다른 관람객을 끌어들이는 것을 어렵게 할 것이다. 과학센터를 찾지 않던 사람들을 관람객으로 만드는 데에는 더 많은 돈과 시간이 필요하다. 다른 사람들을 위한 프로그램 비용을 기존의 주요 관람객들에게 감당하게 할 수는 없을 것이다. 어떤 종류이건 보조금이 필요할 것이다. 여하튼간에 자금마련 프로젝트가 필요할 것이며, 꾸준한 입장료 축적이 아닌 다른 차원의 많은 현금 지출을 필요로 한다.

계획 및 예산 수립

운영진이 과학센터의 미션과 부합하는 정보를 갖게 되면 센터의 프로그램을 작성해야 한다. 즉, 각각의 관람객들이 센터 내에서 어떤 일을 하게 되는지 기술해 두어야 한다. 그리고 그에 따른 운영 예산과 3~5년 간의 계획을 수립해야 한다.

운영계획. "운영계획"을 준비하는 것은 과학관의 선택을 명확히 하는 데 도움이 되고, 이에 따른 잘 짜인 재정 계획은 후원자들로 하여금 과학센터의 프로젝트에 확신을 갖게 도와줄 것이다. 아마도 건립 준비 기간에는 정기적으로 계획을 수정해야 할 것이고, 이러한 수정안들이 과학관의 목표를 달성하기 위해 무엇을 해야 하는지를 알게 할 것이다. 프로그램과 예산 계획에 대한 표준 방식은 없지만 일반적인 회계 원리가 적용된다.[6]

계획의 목적을 위해 - 과학센터에는 수많은 종류가 있다는 것을 명심하자 - 계획된 운영비용을 다른 센터들과 비교해 보고 싶을 것이다. 2001년에 대부분의 미국 과학센터들은 관람객 한명 당 약 14달러의 비용을 지출하였다.[7] 매우 작거나 매우 큰 과학관들은 이보다 덜 지출했는데, 매우 작은 과학관들은 천연색으로 인쇄된 팸플릿 등 비용이 많이 드는 것들을 제거함으로써, 매우 큰 센터들은 규모의 경제 덕으로 비용이 덜 들었다. 매우 작거나 매우 큰 센터들은 보통 크기의 센터보다 전시물에 약간 더 큰 비율의 면적을 할애한다. 프로그램 보다 전시물이 더 많은 관람객들에게 제공되기 때문에 관람객 당 지출 비용에 영향을 미친다.

하지만, 관람객 1인당 14달러라는 비율을 적용해 당신 센터의 "효율성"을 측정하기 전에, 과학센터가 전시개발 비용을 설명하는 방식은 매우 다양하다는 것을 주의해야 한다. 어떤 과학센터들은 현재 진행 중인 전시물 개발을 포함시킴으로써 관람객당 비용이 높고, 어떤 과학센터들은 특별 전시물 개발에 기부금을 사용함으로써 비율이 낮게 나오기도 한다.

어떤 경우에는 성과비율이 지역학교들과의 협력에 대한 정당화에 도움이 될 수 있다. 예를 들어, 뉴욕메트로폴리탄 지역에서는 학생 한 명이 학교에서 한 시간을 보내는 것보다 과학센터에서 한 시간을 보내는 데 드는 비용이 더 적다.

예산 편성. 건물을 수리하거나 새로 짓기 위해서는 별도의 기금을 마련해야 할 것이다. 필요한 액수의 대부분은 건축가가 작성해 줄 것이지만, 운영 계획은 센터에서 마련해야 한다. 그러나 건축 요소 이외의 자금 계획과 관련된 많은 비용이 필요한데 만일 이를 자금조달 요구에 포함시키지 않으면 차후에 이를 지불하기가 더 어려워진다. 토지, 건축부지 준비, 건축, 설계 및 기술 비용 외에 예산 편성에는 다음의 것들을 포함해야 한다.

- 기금마련 비용
- 추가적인 법률 및 사무실 비용
- 인테리어 디자인, 안내 표시, 그리고 로비, 수장고, 교실, 실험실 등에 드는 비용
- 사무실 가구 및 설비

- 목공 작업실과 기계 공작소 설비 및 건물 유지
- 가능하다면 건축 관리 용역
- 개관 준비 직원 급여

많은 센터들이 초기 예산 편성에 전시물에 대한 예산을 포함시키며, 때로는 전시와 전시장 후원자들에게 전시물 해설 진행을 지원하는 기부를 요청하기도 한다(물론 후원금이 편집통제권까지 침해해서는 안 된다). 해설은 장비 유지, 시연 장비, 혹은 "해설자" 급여 등 특별 비용을 의미할 수 있다.

만약 자본금 외에 기부금을 더할 수 있다면 기금 모금 행사는 연간 운영비 부담을 덜어줄 수 있다.[8] 기부금은 종종 가장 이끌어내기 어려운 재원인데, 이는 그 결과가 장기적이고 파악하기 어렵기 때문이다. 만일 가능하다면 기부금을 초기에 이끌어 내라. 차후에는 더욱 어려워질 것이기 때문이다.

세부 조정 과정. 운영 및 지출 예산을 작성할 때, 다양한 재원으로부터 얼마만큼의 세입이 확보 가능할 것인지를 예측하고자 할 것이다. 재정 부담이 클 때, 대부분의 발전 중에 있는 과학센터는 특정 행동을 취하기 전에 자금 조달 전문가에게 잠재적 후원자들을 인터뷰하거나 "재정타당성 조사"를 통해 시장의 제약 상황을 분석해서 이러한 예측들을 점검해 줄 것을 요청할 것이다.

비록 자금 조달에 대한 일반적인 문헌들이 많이 있지만, 많은 것이 지역의 환경에 달려있으며 당신은 지역 상황을 잘 아는 누군가와 대화를 나눔으로써 많은 것을 배울 수 있을 것이다. 단순하게

'얼마만큼의 돈이 저기에 있다'라고 가정하지 말라. 선의에 의한 것도 좋지만 경험이 부족한 수탁자의 "어림짐작"은 많은 과학관들을 난처하게 만든다.

제대로 작동하게 하기

당신의 운이 좋다고 치자. 자금조달을 위한 타당성 조사는 필요한 모든 돈이 있으며 거둬들이기를 기다린다고 밝히고 있다. 당신은 5년 동안 자금 마련을 완료하고, 건물을 세우고, 개관하기 전에 최종적으로 전시물을 만들게 될 것이다.

하지만 이 시나리오는 매우 운이 좋은 경우라는 것을 기억하라. 더 많은 경우에는 그렇지 않다. 건축을 완성하는 데에는 기대했던 것 이상의 돈과 시간이 들 것이다. 당신은 전시물 예산을 깎아서 건축에 쓰고 싶은 유혹이 들 수도 있다. 모든 것이 완성되기 전에 개관하면 대외관계에 흠집을 내게 되고, 전시물 개발에 있어 필요한 지원의 수준을 더 높여야만 할 것이다.

작게 시작하기

어떤 신생 과학센터는 계획을 세우기도 전에 시연 프로젝트를 시작한다. 이러한 프로젝트는 대개 상호작용 전시물의 기획전시 혹은 순회전시인데, 이는 지역사회에서 과학센터의 생존가능성을 시험해볼 수 있게 한다. 대중적·정치적 반응에 따라 기획자들은 과학센터의 물리적·재정적 명세서를 개발해 나갈 수 있을 것이다. 그리고 그들은 얼마간의 "시범적인" 재정지원 유치에도 성공할 수 있을 것이다.

어떤 과학센터들은 좀 다르게 적은 비용이 드는 개발 방식을 택하기도 한다. 길거리에 면한 점포나 임대료가 없는 시청 소유의 건물에서 출발하여 적은 수의 헌신적인 창시자들이 간소한 규모의 운영을 시작하고 주말에 일반인을 만나거나 선택된 학교 단체들에게 교육 기법을 가르친다. 이러한 과학관들은 "시간이 지남에 따라 성장하는" 방식을 택하는 것인데, 시간이 지나면서 과학관의 개념에 대한 지지가 증가하기를 기대한다. 이들은 해석기법과 지역의 호응 목록을 점점 구축해가며 무엇인가 더 할 수 있는 가능성을 고려하게 된다.

길거리의 점포든, 개조된 건물의 절반이든, 혹은 새로 지은 건물에서든 센터를 시작할 때 성공적인 출발의 핵심은 결정적인 프로그램을 많이 확보하는 것이다. 이는 관람객을 끌어들이고 만족시키는데 필요한 프로그램 및 전시물을 제공하는 직원들에게 충분히 많은 보수를 지급해야 하며, 무엇을 위한 것이 되었건 입장료를 훨씬 능가하는 자금 조달에 대한 노력이 요구됨을 의미한다. 아무것도 없는 상태에서 자금조달을 위한 노력을 시작하는 것은 어렵기 때문에, 당신은 아마도 초기 3-5년간은 핵심적인 지원처를 구해야할 필요가 있을 것이며, 믿을 수 있는 보조금이 당신의 재정적 기반을 탄탄하게 할 수 있을 것이다.

과도기 극복하기

대부분의 새로 개관한 과학센터는 첫해에 많은 관람객을 기록하지만, 신선함이 사라진 후에는 관람객이 감소한다. 최근에 어떤 센터들은 초기 몇 년 동안 45% 이상의 관람객 감소를 보이기도 했다.[10] 이러한 경향은 과학센터에만 국한된 것은 아니고 놀이공원이나 스포츠 시설에서도 비슷한 결과를 보여왔다. 관람객 수 예측을 보수적으로 하고 추가로 방문하기를 바라는 것이 더 현명할 것이다.

입장료 수익은 중요하기 때문에 과학센터는 마케팅에 신경을 써야 한다. 지난 10년간 과학센터에서 정규 마케팅 교육 또는 대중홍보 훈련이나 경험이 있는 사람들에 대한 채용이 증가하였으며, 이들은 자신들의 마케팅 기법을 각자가 속한 과학관에 맞추어 적용하는 법을 배우기 시작했다.

과학관 입장객을 늘리는 가장 중요한 수단은 바로 입소문이다. 마케팅이 반드시 많은 광고와 홍보를 의미하지는 않는다. 오히려 방문객이 센터에 대해 친구에게 얘기하는 것이 좀 더 많은 새로운 방문객과 재방문객을 유발한다는 의미이다. 관람객들이 당신의 과학관에 대해 어떻게 생각하고 있는지, 그리고 입소문을 듣고 갖게 되었던 기대가 충족되었는지를 파악해야 한다. 과학센터의 교육적 미션이 마케팅 메시지를 이끌어야 한다. 과학센터는 지킬 수 없는 약속을 관람객에게 해서는 안 된다. 과학센터의 메시지와 프로그램은, 입소문을 활용하여 최대한의 관람객을 과학관에 끌어들기 위해서 대중들로부터 체계적으로 수집된 피드백을 활용하여 수정해야 할 필요가 있다.

적극적으로 관람객과 만나는 것은 전시물이나 프로그램과 마찬가지로 외적 소통에 매우 중요하다.

주(註)

1. 이사회 기능에 대한 간략한 안내를 위해서는 Joseph Weber의 *Managing the Board of Directors* (New York: The Greater New York Fund, Inc., 1975)를, 표준 업무에 대해서는 Alan Ullberg과 Patricia Ullberg의 *Museum Trusteeship* (Washington, D.C.: American Association of Museums, 1981)를 참조하라. 또한 Stephen E. Weil의 "A Checklist of Legal Considerations for Museums," *Museum News,* September/October 1987과 *Templates for Trustees,* a series of software-based tools(Washington, D.C.: Museum Trustee Association)을 참조하라.

2. 가장 최근 자료는 *Science Center Workforce 2001: An ASTC Report* (ASTC, 2002)이다.

3. 미국 훈련 자료 중에는 박물관경영연구소, 하버드와 예일 경영대학원의 비영리 리더십에 관한 프로그램, 케이스 웨스턴 리저브 대학교의 비영리 기관에 대한 Mandel Center, 국가예술안정기금(National Arts Stabilization Fund)에서 제공한 경영교육 세미나가 있다.

4. *The ASTC Science Center Survey: Administration and Finance Report* (Washington. D.C.: ASTC, 1989).

5. 최근, 입장료, 프로그램 이용료, 그리고 다른 수입원으로부터 얻어지는 세입의 비율이 증가하고 있다. 2002년 과학센터의 보고에 의하면, 전 세계적으로 운영 수입의 49%가, 미국에서는 52%가 이들 수입으로부터 얻어진다. *Sourcebook of Science Center Statistics 2002* (Washington, D.C.: ASTC. 2003)를 참조하라.

6. Kent Chabotar, "Cost Analysis in Schools and Other Nonprofits: A Management Perspective," *Urban Education*, Vol. 24, No. 2 (July 1989)를 참조하라.

7. *Sourcebook of Science Center Statistics 2002.*

8. 기금 모금 행사에 대한 소개는 David Nichols, "Managing the Transition into the Campaign,"과 Margaret Maxwell, "You Can Build a Campaign." 그리고 *Fund Raising Management*, June 1989을 참조하라. 기금 개발에 대한 오래된 문헌으로는 Carl Shaver, 'The Rights and Rituals of Fund Raising,' *Museum News*, February 1973가 있다.

9. Peter Ames, "Measures of Merit?" *Museum News*, September/October 1991을 참조하라.

10. Amy Gilligan과 Jan Allen의 "If We Build It, Will They Come?" *ASTC Dimensions*, May/June 2003를 참조하라.

운영에 관한 사실과 수치들

예산을 짜는 데는 몇 가지 일반적인 규칙이 있다. 다만, 과학센터들 간에는 많은 차이가 있다는 것을 염두에 두면서 주의를 기울여 적용해야 한다.

- 전형적으로 과학센터들은 직원의 급여와 연금으로 운영자금의 절반 조금 넘게 책정한다(여기에는 자원봉사자와 관련된 비용은 포함되지 않는다: 재정 지원을 요청할 때, 가끔은 자원봉사자의 노동 가치를 현물투자로 계산할 수 있다).
- 대부분의 센터들은 일반적으로 영화 한 편의 요금보다 적은 액수의 입장료를 받고 있으며, 회원을 포함한 특별 관람객들을 위한 무료 입장의 조항을 갖고 있다.
- 과학센터의 매점이나 기념품 가게는 일반적으로 급여를 포함한 모든 비용보다 수입이 많지 않으므로 세입에서 제외한다. 회계 감사관의 조언에 의하면 가게를 자원봉사자에게 맡기면 이익은 증가한다고 한다. 박물관 소장품을 예술적 제작 활동을 통해 재생산하는 특징을 갖는 뉴욕 메트로폴리탄 미술관처럼 진기한 물건을 파는 기관은 예외이다.
- 자체적으로 식당을 운영하는 과학센터는 거의 없지만, 이는 하청업자에게 맡기는 것보다 훨씬 경제적이라는 것이 밝혀졌다. 규모가 큰 과학센터에게 식당 운영은 중요한 수입원이 될 수 있다. 모든

과학센터에게 음식 제공을 포함한 편의시설 임대는 중요한 세입을 가져다준다.

- 기부자나 관람객들은 그들이 기부하거나 지불된 돈이 기금마련 행사나 경상비가 아닌 과학 프로그램과 전시물에 쓰이기를 바란다. 기금마련행사 비용과 기금마련행사에서 들어오는 돈의 통로를 연례적으로 준비해야 한다. 박물관 분야에서 얻은 교훈은 이러한 행사비용이 년 평균 기부금의 25%를 넘어서는 안 된다는 것이다.

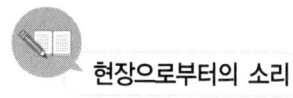 현장으로부터의 소리

설립에서 운영으로의 전환기에 살아남는 10가지 비결

●●● 레오나르드 어비(Leonard J. Aube)

로스엔젤레스에 있는 캘리포니아 과학센터(California Science Center)는 대대적인 새 단장 및 확장을 하고 있다. 이사회는 약 20년에 걸쳐 3단계로 70만 평방피트에 들어있는 현존하는 모든 시설에 대한 추가, 교체 그리고 재개발에 대한 종합 기본계획을 승인했다. 1998년에 계획의 1단계에 해당하는 새로운 건물이 개관했다.

많은 기관들이 오랫동안 열성적인 기금모금 행사를 하는 것처럼, 우리도 1단계에 130만 달러 모금 목표 달성에 중점을 두었다. 하지만 생각만큼 기금이 많이 모아지지 않았다. 결과적으로 계획으로부터 새로운 센터의 개관과 운영으로의 전환은 전문인력과 자원봉사자 통솔 양면에 대한 예견치 못한 도전에 직면하게 되었다. 다행히 1단계에서의 경험으로부터 배운 것을 2단계 및 3단계에 적용할 기회를 잡았다.

다음은 "자금 확보"로부터 "운영"으로 전환하는 동안 기금 모금 및 이사회 구성 그리고 마케팅에 대한 몇 가지 비결이다. 박물관과 과학센터는 많은 얼굴을 가졌으며 복잡한 유기적 조직체이므로 이들 제언들이 모두에게 다 들어맞는 것은 아니다.

1. **첫해 운영비의 전체 또는 많은 부분을 자금모금운동 목표액에 포함시켜라.**

   이 조언은 신생 과학관에게 매우 중요하다. 자본 모금 비용뿐 아니라 운영비를 충당할 만큼 기금을 확보하는 것은 어렵다. 그렇다고 불가능한 것은 아니다.

   대부분의 과학관의 경우, 운영예산의 상대적인 크기는 전체 자본금의 목표에 비해 미미하다. 은행에 상당한 양의 돈을 갖고 있는 것은 현저하게 변해가는 환경에서 직원과 자원봉사 지도자에게 적응하는 동안 숨을 돌릴 수 있는 여유를 제공한다. 이 돈은 필요한 시기와 목표를 위한 방화벽이 될 수 있을 것이다.

2. **15~24개월 동안의 마케팅을 위해서 초반 마케팅 예산의 절반을 예비해 놓아라.**

   많은 과학센터와 과학관이 처음에는 관람객이 많지만 2년 정도 지나면 관람객을 기다리는 상황을 맞게 된다. 수입이 감소할 경우 과학관이 다시 시장에서 이목을 끌어 수익을 낼 수 있을 때까지 단지 얼마간의 돈이라도 필요하다.

3. **개관 초기에 3년 창립 회원을 끌어들여라.**

   실제로 과학관들은 개관 1년 안에 지역사회에서 모든 수준의 좌절을 경험한다. 그때는 바닥이 보이지 않는 것 같을 것이다. 열정이 최고일 때 비록 그것이 적절한 할인을 뜻하는 것이라도 개관 2, 3년째를 위하여 좀 더 긴 기간의 회원제를 추구할 것이며, 이익을 구하던

지지자로부터 목표를 추구하는 기부자로의 전환과정을 시작하는 것이다.

4. 이사회의 연례 기부의 기대치를 높여라.

기금모금행사는 이사회 회원에게 그들의 최대 능력을 유인하거나 적어도 그들의 재정적 약정이 확고함을 재확인하게 한다. 그들의 연례적인 기부금 증가는 지역사회가 기부하는 수준을 높일 수 있는 기본이 된다. 성공적인 기금모금 행사 후 몇몇 과학관은 이사회의 연례기금 기대치를 100% 또는 그 이상까지 올렸다.

5. 처음 1년 안에 모든 기부자들에게 연례기부를 요청하라.

기금 모금행사의 기부자는 기관의 성공에 커다란 몫을 차지한다. 일부 과학 센터가 두 번째 모금행사의 근거를 "수요"가 증가한 것을 토대로 하고 있으나, 좀 더 나은 접근 방법은 모금운동의 "장점" 또는 "미래성"을 강조하는 것이다.

6. 시장 및 방문객 조사에 대한 예산을 만들고 유지하라.

과학관의 영향, 도전, 그리고 장점을 측정하고 입증하는 연구는 운영 지원을 이끌어내고 발전시키는데 매우 중요하다.

7. 새로운 시설을 공개하기 전에 이사회 회원들에게 확인시키고 지지를 얻어라.

기관의 자본모금행사의 가시화는 새로운 지역 사회 및 재정지원자의 기대를 향상시킬 수 있다. 개관에 이르기까지의 12개월 동안 이사회에 잠재력이 있는 신규 회원을 위원으로 지명해 줄 것을 요구하라. 활기와 지도력의 유입은 자본에서 운영으로의 성공적 전환을 위한 중요한 갈림길이 될 수 있다.

8. 2년간의 관람객 및 수입 감소를 고려한 예산과 인력모델을 개발하라.

과학관 문을 통과하여 관람객이 끝없이 들어올 것처럼 보이는 행복감을 넘어, 새롭게 시작하는 과학센터들은 피할 수 없는 침체기와 경영 위축에 대비하여 씀씀이를 서서히 줄여야 할지 모른다. 신중한 예산 계획이 2년 안에 관람객과 수입이 40~50%가 줄어드는 상황을 극복할 수 있게 한다.

마찬가지로 중요한 전략의 하나는 첫해 이후에도 직원을 계속 존속시키는 것이다. 성공적인 캠페인의 중요한 국면들을 이끌어주는 직원은 중요한 관리대상이다. 경험이 많은 직원이 떠날 때는 그들의 경험도 함께 가지고 가버리므로 기관이 확고한 운영체계를 잡으려고 할 때마다 차질을 빚게 된다.

9. 개관 후 12~15개월 후에 주요 기부자들을 위한 특별행사를 가져라.

개관 2년째에 접어들면서 과학관에서 축하오찬 또는 그 비슷한 행사를 여는 것은 투자자들로 하여금 그들의 투자를 갱신하는 기회를 제공한다. 성공적인 운영을 축하하고 지역 사회에 미치는 영향에 대해 알게 된 것을 서로 나누어라. 단기 및 장기 목표에 대한 사려 깊은 발표를 추가한다면 5년 또는 그 이상의 튼튼한 연간 지원에 대한 토대를 만들 수 있을 것이다.

10. 지역 사회 단체에 대한 수석 직원의 참여를 권장하라.

 어떤 과학관들의 성공은 지역 사회의 귀중한 투자에 의존한다. 이는 일방통행이 아니다. 이는 최고 경영자를 비롯한 최고 수준의 관리자가 지역 사회단체에 참여하여 적극적으로 활동함으로써 가능한 일이며, 과학센터가 지역 사회의 생활과 떼놓을 수 없는 일부로 자리매김할 수 있다.

> 레오나르도 어비(Leonard J. Aube)는 로스엔젤레스의 캘리포니아 과학센터의 개발 및 마케팅 부관장를 맡고 있다. 이 글은 *ASTC Dimensions*, 2001년 5/6월 판에 실려 있다.

 견 해

비영리 이사회의 새로운 업무

• • • 바바라 테일러(Barbara E. Taylor)
• • • 리차드 체이트(Richard P. Chait)
• • • 토머스 홀랜드(Thomas P. Holland)

 비영리 조직인 이사회에 의한 효과적인 관리는 드물고 부자연스러운 행위이다. 비영리 이사회의 가장 특별한 기능은, 개인이 이룬 노력을 결집하여 기관의 사명과 장기 복지 사업을 진전시키는 일이다. 이사회의 기여는 전략적이어야 하며, 재능이 있는 사람들의 공동 산물은 기관이 직면한 거대한 도전에 대해 그들의 지식과 경험을 제공해야 한다.

 대신 무슨 일이 일어나고 있는가? 비영리 이사회는 종종 낮은 수준의 활동에 종사하는 고위층 사람들의 집단 정도에 지나지 않는다. 왜? 그 이유는 다양하다. 때때로 이사회는 강한 이사회를 두려워하고 마지막 순간에 이사회의 승인을 쌓아두는 최고경영자자로부터 방해를 받는다. 종종 이사회 회원들은 기관의 직무에 대한 충분한 이해가 부족하고, 전문적인 지식을 요구하는 문제를 다루기를 회피한다. 일반적으로 이사회 회원은 개인적인 책임을 별로 가지고 있지 않으므로, 위원 개인이 스스로 관리 업무를 전적으로 수행하지 않을 수도 있다. 그리고 종종 이사회를 구성하는 영향력 있는 개인들은 팀 구성원으로서의 업무에 미숙하다. 동기가 뛰어나다 하더라도, 비영리 위원들은 종종 의기소침하고 쓰임 받지 못한다고 느끼며, 조직은 그들의 재능에서 이득을 얻지 못한다. 지분은 낮고, 회의는 처리 중심이고, 결과는 불분명하고, 협의는 편협하다. 많은 회원들은 이사회가 어떤 실제적 힘이나 영향력을 가질 수 있는지 의심한다.

성과를 개선하기 위한 열쇠는 우리가 이사회의 새로운 업무라고 부르는 것을 발견하고 수행하는 것이다. 이사들은 결과에 관심이 있다. 고위층 인사들은 사소한 정보를 꾸준히 접할 때 힘을 잃는다. 그들은 미술품을 위한 온·습도 조절, 오래된 난방장치의 상태, 또는 새로운 로고의 디자인을 위한 논의를 통해 어쩔 수 없이 경영에 참여하나, 새로운 최고 경영자를 찾을 때, 성공적으로 기금 모금 행사를 완수할 때, 또는 정책을 개발하고 이행할 때는 적극적으로 참여한다. 새로운 업무란 이런 일들에 대한 또 다른 이름이다.

새로운 업무는 네 가지 기본적 특징을 갖는다. 첫째, 새로운 업무는 자신과 중요하게 관계되며, 기관의 성공에 주요한 필수적인 문제이다. 둘째, 새로운 업무는 규정된 시간표에 의해 연결된 결과에 의해 움직인다. 셋째, 새로운 업무는 분명한 성공의 척도를 가진다. 마지막으로, 새로운 업무는 조직 내·외부의 지지층의 약속을 요구한다. 새로운 업무는 높은 수준의 흥미를 일으키며 폭넓은 참여와 광범위한 지지를 요구한다.

새로운 업무는 새로운 실천을 요구한다.

새로운 업무는 과거에 이사회의 행동을 규정해 왔던 규약에 반한다. 비영리 이사회의 관례적인 일이 경영을 면밀히 검토하는데 한정되었던 것에 비하여, 새로운 업무는 업무의 새로운 규칙과 이사회의 책무를 수행하는데 비정통적인 방법을 요구한다. 오늘날 대부분의 이사회에 주어진 압력은 오래된 방법으로 충분히 견디기에는 너무 거대하다. 이사회의 관행을 개선하기 위해 이사회 지도자들은 다음과 같은 단계를 취할 수 있다.

무엇이 중요한지 알아내기. 전통적으로 비영리 이사회와 최고경영자들은, 경영은 문제를 규정하고 해답을 권고한다는 것에 동의한다. 이사회는 경영 제안을 수정할 수는 있어도 거부하는 경우는 매우 드물다. 왜? 무언가를 더 하기 위해 산업이나 기관에 대해 충분히 잘 알고 있는 이사들은 거의 없으며, 그들은 오지랖이 넓은 사람 또는 세세한 것까지 통제하는 사람으로 낙인찍히는 것을 두려워한다. 이사회 구성원들은 때때로 곤란한 질문을 하거나 집행부에 불성실한 대안을 제기하는 것처럼 느껴지게 한다. 주요 사안에 대한 의사표시의 하나는 최고경영자에 대한 투표이다. 그러나 정보가 없는 이사회가 조직이 놓친 기회를 어떻게 알며, 반응할 수 있겠는가? 그리고 이사회가 무언가 잘못 되었다는 것을 깨닫기 이전에 조직은 얼마나 많은 손해를 참고 견뎌야만 하는가?

새로운 업무를 수행하기 위해서는, 이사들과 경영진이 중요한 사안과 조직의 의제를 함께 결정하여야 한다. 이사들은 최고경영자가 무엇을 긴급한 사안으로 보고 있는지 이해할 필요가 있다. 또한 다른 이해 관계자들과 산업 전문가들이 생각하는 바를 알고 있어야 할 필요가 있는데, 왜냐하면 이사회의 유일한 정보와 조언 공급원이 될 정도로 충분히 알고 있는 최고관리자는 없기 때문이다. 식견이 있는 이사들은 정보를 제공하여 최고관리자의 판단에 도움을 줄 수 있다. 또한 그들은 인기가 없거나 직원의 능력 밖에 있는 주요 사안에 대한 조직의 주의를 집중시킴으로써 최고관리자를 위한 유용한 기능을 수행할 수 있다. 또한, 이사회는 다음의 네 가지 활동에 참여함으로써 무엇이 중요한지 알아낼 수 있다.

- **최고관리자가 큰 그림을 그릴 수 있게 한다.** 최고관리자의 리더십에 대한 리트머스 테스트[2]는 문제만 해결하는 능력이 아니라, 주요 문제를 명확히 하고 답을 공식화하기 위한 공동 노력을 이끌어내는 능력이다. 박물관 이사회의 한 위원은 "기관장에게 내가 가장 원하는 것은 커다란 아이디어다"라고 말했다. 최고관리자는 기꺼이 책임을 공유해야 하며, 이사회는 기꺼이 최고관리자의 의견을 따르고 질문해야 한다. 한 대학의 이사는 다음과 같이 말한다. "만약 당신이 그렇게 하지 않는다면, 이사회는 대체 무슨 일이 일어나고 있는지에 대한 실질적인 단서를 가질 수 없다. 문제가 발생하고 나서 최고관리자가 이사를 필요로 하면, 그들은 문제를 공유하지 않거나 문제 해결을 돕지 않을 것이다."

최고관리자는 이사회와 함께 조직의 가장 중요한 전략적 과제를

---

[2] 그것만 보면 사태(본질)가 뚜렷해지는 한 가지 일

매년 검토해야 한다. 이사회는 최고관리자가 주요 사안을 정확하게 타겟으로 하고 정의하고 있는지의 여부를 고려해야 한다. 어쩌면 이것은 이사회가 이사회의 가치를 추가할 수 있는 기회이다. 최고관리자와 이사회는 기관의 우선순위와 전략상의 방향에 대해 함께 동의해야 한다. 이러한 고려사항들은 결국 이사회의 업무와 최고관리자에 대한 평가를 결정할 것이다.

남부에 있는 한 대학의 이사회는 이러한 과정을 성공적으로 공식화하였다. 매년 1월에 최고관리자와 이사들은 기관이 직면한 가장 중요한 도전과제에 순위를 매긴다. 그런 다음 이사회는 우선순위를 반영하기 위한 위원회를 구성하였다. 예를 들어, 지난해에 이사회는 마케팅과 기술적 기반을 최고의 관심사라고 결론을 내렸다. 이사회는 다가오는 해에 이사회가 해야 할 결정사항을 명시하고 정보와 교육에 대한 이사회의 요구를 명확히 하기 위해 이사와 직원으로 특별위원회를 구성하여 이러한 문제를 연구하였다. 특별위원회는 5월에 열린 이사회에 첫 번째 보고서를 냈으며, 이사회는 주요 사안을 추진하기 위해 어떻게 조직해야 할지를 결정하였다. 또한 이사들은 기관장에 대한 이사회의 최고 관심사에 관련된 측정 가능한 기대치를 개발하였다.

- **주요 이해관계자들과 친숙해진다.** 이사회와 최고관리자들은 구성원들에게 무엇이 중요한지를 알아야 한다. 대부분 사교행사와 각자 앞에 나와 발표하는 식의 예전 업무 방식과 같은 교류는 하지 않을 것이다. 새로운 업무는 양방향 의사소통을 요구한다. "이사회가

구성원의 의견에 쉽게 노출될 수 있도록 하라"라는 어느 대학 총장의 말처럼 양방향 의사소통은 기관을 고립시키기 보다는 접근하기 쉽고 책임감 있게 만든다. 그러한 정신 하에 몇몇 대학의 이사회는 이제 학생, 교직원, 그리고 동창회 지도자들과 정기적으로 만나 공통 관심사를 탐구한다.

정서적 장애를 가진 아이들을 위한 주거치료센터의 예를 생각해 보자. 주요 후원자가 사망했을 때 치료센터는 새로운 수입원을 찾아야 했다. 위탁의 주요 원천인 사회봉사단체의 지도자들과 면담을 하는 동안 몇몇 이사회 회원들은 치료센터가 엘리트주의 자로 그리고 오로지 쉬운 경우에만 관심을 보이는 것처럼 비쳐지는 것을 발견하고 충격을 받았다. 사실 많은 전문가들은 경증 환자의 경우에는 돈이 덜 들며, 중증 환자는 치료센터가 거절했을 것이라고 추정하였다. 이러한 오해에 대해 이사들은 치료센터의 공공 노력을 안내하기 위해 특별위원회를 구성했다. 이사회는 위탁의 원천과 관계를 가진 이해당사자를 포함하도록 확장되었으며, 교육적 행사와 프로그램 참여를 통해 다른 구성원들과의 관계를 강화하였다. 이사회 의장은 "이사회가 공동체와 접촉하지 않는 일이 절대 다시는 없기를 바란다."라고 말했다.

이사회와 구성원들 사이의 밀접한 유대관계는 이사회의 유일한 정보원이 되고자 하는 최고관리자들을 불안하게 만들며, 이사들과 이해당사자들 사이의 직접적인 의사소통은 전통적인 명령체계를 약화시킬 것이라는 두려움을 갖게 한다. 그러한 반응은 이사회 회원들을 어리둥절하게 만든다. 대학의 한 이사는 다음과 같이 물었다, "왜 학생들과 이사들이 대화를 갖도록 하지 않는가? 무엇을 숨기는가? 그들은 우리의 고객이다. 나는 단지 불평만 하기를 원하는 사람이 있다는 것을 알만큼 충분히 나이를 먹었고 충분히 똑똑하다. 이사들은 기관장만큼이나 표현하는 관점을 해석할 자격이 있다. 내가 현실에 더 가까이 다가갈수록 최고관리자에게 더 동조하고 도울 수 있다."

- **전문가들에게 조언한다.** 많은 비영리조직들은 경쟁력과 공공정책의 변화에 민감하다. 예를 들어, 미국 국립예술기금(National Endowment for the Arts)에 의한 자금 단절이 박물관에 끼친 영향, 혹은 연방정부 자금에 의한 건강보험 개혁을 위한 노력이 병원에 미친 효과를 생각해 보라. 이사들이 경제, 인구통계 그리고 산업정책에 대한 기초를 이해하고 있지 않으면, 이사회는 중대한 것으로부터 일상적인 것을, 나쁜 소식으로부터 좋은 소식을 분리해 내는데 심한 압박을 받을 것이다. 새로운 업무는 많은 자료들로부터 관련 업계에 대해 배우기를 요구한다.

그러한 자료들 중 하나는 이사회에 존재하는 전문가이다. 비록 이사회가 정기적으로 재정, 법률, 마케팅과 같은 기능적 영역에서 전문성을 지닌 이사를 새로 뽑고는 있지만, 새로운 업무는 병원 이사회의 의사, 대학 이사회의 교수, 진료소 이사회의 사회복지사 등과 같이 관련이 있는 전문지식을 가진 이사를 어느 정도 이상 필요로 한다. 전문이사들은 동료위원들을 낯선 문화로 나아갈 수 있도록 인도할 수 있다. 예를 들어, 미국 북동부 명문 대학의

한 곳에서는 전직 대학총장을 그들의 이사회 회원에 포함시켰다. 한때, 그는 관리직원의 징계를 뒤늦게 비판하는 동료들을 비난하면서 "만일 이사회에서 그렇게 한다면 나는 몹시 화가 날 것이다."라고 말하였다. 결국 이사회는 뒤로 물러났다. 한 인문대학에서는, 다른 대학의 교수였던 이사가 강의의 질을 측정하는 어려움과, 등록자가 줄어드는 학과로부터 수요가 증가하는 학과로 교수 자리를 재분배하는 것에 대해 이사회를 교육함으로써 도움을 주었다. 동시에 그는 교수들과 함께 이사회의 신용을 확립하는 것을 도왔다.

지식의 또 다른 원천은 외부 전문가들이다. 그들은 이사회가 경쟁, 고객 인구통계, 정부지원의 경향, 그리고 공공정책토론에 대해 이해하는 것을 도울 수 있다. 예를 들어, 등록자 수 감소라는 문제에 직면한 한 개신교 신학대학의 이사회는 전문 교육, 종교 교육의 경제학, 그들 종파의 인구통계에 대해 전문가와 상의하였다. 이를 통해 이사들은 자신들 교파의 신도수가 지속적으로 감소할 것이며, 결국에는 대학에 대한 경제적 지원과 목회자로의 새로운 취업 기회가 악화될 것이며, 현재와 같은 추세가 계속되면 대학은 몇 년 안에 파산하게 되리라는 것을 알게 되었다. 이에 따라 대학은 수준 높은 교수들의 강점을 지렛대로 삼아 광대한 개신교 사회의 원천이 되기로 결정하였으며, 교내는 물론 지역 교회에서 일반인을 위한 신학 교육은 물론 신도들과 목회자를 위한 교육을 지속적으로 실시하였다.

- **평가를 위해 무엇이 필요한지 결정한다.** 기업 이사회는 전형적으로

성과지표들의 한계치를 추적 관찰한다. 이 성과지표들은 회사의 전반적인 상태를 전달하며 잠재적인 문제들을 암시한다. 비영리 이사회는 종종 비교 자료가 부족한데, 그 이유의 대부분은 이사들과 직원들이 무엇이 가장 중요한지를 전혀 결정하지 않았기 때문이다.

이사회와 경영진은 열 개에서 열두 개 정도에 이르는 성공의 중요한 지표를 함께 찾아내야 한다. 대학의 경우에는 수업료의 감면(학생들에게 경제적인 도움을 주는 것)을 면밀히 검토하는 것을 의미할 수 있을 것이며, 박물관의 경우에는 기부금 투자로 돌아오는 총액을 측정하는 것을 의미할 수 있을 것이다. 또한 병원의 경우에는 이사회가 병실 점유율을 예의 관찰하는 것일 수도 있다. 독특한 전략이 참신한 측정법을 제시할 수 있다. 컴퓨터 사용 능력에 초점을 맞춘 한 기숙학교에서는, 기숙사 방에서 학생들이 피자 배달을 위해 대학 전산망을 이용한 전화 통화와 자신들의 전화를 이용한 전화 통화 사이의 비율을 추적 관찰하였다. 전산망을 이용한 통화 비율의 증가는 학생들이 새로운 기술에 좀 더 편안해져 감을 의미하는 것이었다. 비교 가능한 독창성을 사용하여, 노령화된 정기회원을 기반으로 하는 한 관현악단은 연주회 후 와인과 치즈가 곁들어진 실내악 프로그램에 참석하는 이삼십 대 독신자들의 입장권 판매 실적을 추적하였다.

예측, 과거의 실적 또는 업계 규범에 대한 그래픽 비교는 중요한 문제에 대한 이사회의 관심을 집중시키며, 이사들에게 이사회의 궁극적인 목표는 이들 지표들에 긍정적인 방향으로 영향을 미치는 것임을 상기시킨다. 미국 중서부의 한 대학 최고관리자는 "우리는 전략적 계획과 명시적으로 연결되는 성과지표를 가지고 있으며, 이는 매번 회의에서 재검토되었다. 심지어 우리는 지표를 이사들이 휴대할 수 있도록 작은 카드로 만들었다."라고 이야기 했다.

중요한 문제에 행동하기. 과거 업무 세계에서는 선이 분명하게 그어져 있었다. 즉, 이사회는 정책 결정, 경영진은 정책 수행 측면에 머무는 방식으로 관리가 진행되었다. 새로운 업무 세계에서는, 이사회와 경영진 모두 두 역할에 대해 같은 편에 서는 동업자 관계에 있다. '이것이 정책의 문제인가 실행의 문제인가?'라는 것이 문제가 아니라, '가까운 장래에 중요한 사안인가 아닌가, 핵심적 사안인가 지엽적인 사안인가'하는 것이 문제이다.

오늘날 정책 개발에 최고관리자를 제외시키거나 정책 이행에 이사회를 분리시키는 위험을 무릅쓰는 비영리기관들은 거의 없다. 자금모금 운동에서, 우선순위와 목표를 설정하는 것은 정책 결정이고, 예상액을 확인하고 요구하는 것은 정책 수행이다. 새로운 최고관리자를 구할 때, 선발 기준을 정하는 것은 정책 결정이고, 면접 절차를 정하고 실시하는 것은 정책 수행이다. 간단히 말해서, 대부분의 중요한 문제들을 정책 또는 수행으로 깔끔하게 세분화할 수는 없는 것이다.

많은 경우에 있어, 정책 수행은 정책의 입안보다 훨씬 중요하다. 예를 들어, 한 천주교 여성대학의 이사들은 도심지역 출신의 가난한 소수민족 여성들을 돕는 대학의 새로운 노력을 지원하기 위해 부유하고 나이든 동창생들을 직접 만나 설득하였다. 한편, 다른 대학의 이사회는, 수업료 전액을 납부할 수 있는 학생 수가 감소하는 곤란한 상황에서, 세 명의 이사를 선정하여 수업료를 납부할 수 있는 학생들을 더 많이 모집할 수 있도록 마케팅 전략을 수립함으로써 관리직을 돕도록 하였다.

또 다른 예로, 한 대학이 상업용 라디오 방송국을 소유하고 있었다. 이사회는 방송국이 어떻게 학교의 미션에 적합한지 의문을 제기했다. 총장과 함께 방송국 판매로 얻는 이익금을 보다 더 나은 교육적 목적에 사용할 것을 결정한 다음, 이사들은 거래를 성사시켰다. 그 후 총장은 "이는 이사회의 참모습이다."라며 매우 기뻐하였다. 이사회 회원들은 직원들보다 방송국 사업과 주요 자산의 판매에 대해 더 많은 것을 알고 있었으며, 그 지식을 활용한 결과인 것이다.

이사들을 정책 수행에 포함시키는 것은 위기의 시기에 매우 중요한 일이 될 수 있다. 미국의 자선단체인 United Way의 스캔들[3] (최고관리자가 백만 달러 이상의 돈을 개인비용으로 사용) 여파 이후, 한 지역의 지회 이사회와 최고관리자는 이사들 각자가 다섯 명의 사업전문가와의 면담을 통해 다가오는 기금 모금 캠페인에 대한 지역사회의 지지를 향상시키기 위한 방안을 알아보기로 하는데 동의하였다. 조언은 일관된 것이었다. 즉, 전국적 단체의 치명적 실수를 인정하고, 손해배상 문제가 해결될 때까지 전국 본부에 대한 모든 지급을 중지하며, 모든 기금을 지역에 남겨둘 것을 약속하고, 기부자 지정 기부금 제도를 허용하며, 이사회는 할당 금액을 언론에 공표

---

[3] 유나이티드 웨이(United Way)는 130여 년 된 미국 최대의 자선모금단체로, 1992년 2월 당시 회장이던 윌리엄 아라모니(William Aramony)의 거액 연봉과 호사스런 씀씀이 등이 밝혀지며 미국인들의 거센 분노를 일으켰다.

할 것을 약속하라는 것이었다. 최고관리자와 이사들은 그러한 충고를 받아들이고 모든 이사회 회원들이 적극 참여하는 강도 높은 공공 관계 개선 노력에 돌입할 것을 선언하였다. 마침내 모금 캠페인은 거의 전년도만큼 성공적이었으며, 다른 지역의 지회보다 훨씬 더 실질적인 성공을 거두었다. 이사회가 오직 정책 입안만 했더라면 이러한 성공을 일어날 수 없었을 것이다.

중요한 문제를 중심으로 체계화하라. 이사회의 새로운 업무는 기관의 우선순위를 다루기 위해 체계화해야 하는 것이다. 자명한 사실이겠지만, 이사회는 이사들로 하여금 위험성이 낮은 의사 결정을 내리게 하는 통로인 기능적으로 지정된 위원회(물리적 설비, 재정, 공공 관계)에서 그들의 업무를 종종 체계화한다. 새로운 업무가 발생했을 때, 문제의 핵심이 체계를 좌우해야만 한다. 위원회, 업무 집단, 특별위원회는 기관의 전략적 우선순위를 반영시켜야만 한다.

예를 들어, 한 신학대학은 운영상 지정된 위원회의 대부분을 전략적 계획의 주요 목표인 교육과정의 세계화, 지역 교회와의 관계 개선, 그리고 목회자를 위한 지속적인 교육 제공이 반영된 위원회로 대체하였다. 위원회에는 이사들과 학교 구성원들이 포함되었다. 한 가지 결과로, 지역 교회와의 관계 개선에 대한 위원회의 권고에 따라, 신학교는 지역 교회에 재무관리, 성인 교육, 그리고 교회 관리와 같은 분야에 대한 기술적 지원을 제공하는 정보센터를 설립하였다.

또 다른 예로, 한 유수한 여성대학의 이사회는 적극적인 사고 하에 상설위원회의 집단을 포괄하는 네 개의 협의회(상용 업무, 학내 업무,

학외 업무, 그리고 관리와 이사회 업무)를 만들었다. 예를 들어, 학내 업무협의회는 학생 생활의 연간 의제, 입학허가, 그리고 이사와 교수 사이의 관계 위원회의 활동과 조직을 감독하게 되는데, 필요시에만 모임을 갖는다. 협의회 의장들은 네 개 협의회의 연간 의제를 조율하며, 이사회의 심도 있는 논의를 요하는 전략적 쟁점들을 제안한다.

구성원들과 이사가 아닌 전문가를 포함하는 특별위원회는 특정 기능의 외부위탁 또는 통합품질관리 프로그램 설치와 같은 중대하면서도 개별적인 문제에 대해 따질 수 있다. 예를 들어, 한 자립형 사립학교의 이사회는 주 기관과 연방기관의 정책에 적절한 인가 문제를 탐색하도록 두 특별위원회를 지정하였다. 특별위원회는 자립형 학교에 영향을 줄 수 있는 인구통계학적 추세, 인가 요건, 가능한 법률제정에 대한 정보를 수집하였다. 어느 토요일 회의에서 특별위원회는 그들의 조사 결과를 발표하였으며, 이사회는 인가를 요청할 것인지와 좀 더 선발제 학교로 갈 것인지에 대해 논의하였으며, 특별위원회는 해산하였다. 그렇게 업무는 완료되었다.

"휴지" 특별위원회(한 번 사용하고 버린다는 의미)는, 이사회를 실시간 결과로 유도하고, 리더십 기회를 증가시키며, 오래된 회원들이 상임위원회를 장악하는 것을 방지한다. 한 대학의 이사는 다음과 같이 고백하였다. "많은 상임위원회가 실질적인 정책 형성이나 정말로 필요한 것을 찾지 못한다. 상임위원회는 대학의 자산이 아니라 무의미한 의식절차이자 짐일 뿐이다. 그에 반해서, 특별위원회는 매우 효과적이다. 예를 들어, 우리가 마케팅 계획의 비용과 형태를 검토하고 있을 때, 특별위원회는 이사회를 도와 문제를 이해하게 하고 방향을 권고한다. 우리들은 마케팅 계획의 비용과 형태를 관찰한다. 특별전문위원회는 이사회가 문제와 추천된 방향을 이해하는 것을 돕는다. 주인의식에 실질적 차이가 있는 것이다."

중요한 사안에 회의의 초점 맞추기. 이사회는 회의를 진행할 때만 이사회의 역할을 하지만, 회의는 이사회가 가장 눈에 띄게 역할을 하는 곳이다. 많은 이사들은 시간 부족이 새로운 업무를 수행하는 이사회의 능력에 커다란 장벽이라고 생각한다. 그렇지만 사실 더 큰 문제는 중요한 문제가 무엇인지를 결정하는 것과 반드시 개최해야 하는 회의의 빈도, 방식, 기간, 위원회 회의를 결정하는데 실패하는 것이다. 그리고 만약 이사회가 드물게 혹은 짧은 기간 동안에만 열린다면, 이사들은 그들이 할 수 있는 일이 무엇인지 냉철하게 생각할 것이다. 의장, 최고관리자, 혹은 집행위원회는 매 회의 때마다 '이 회의의 목적은 무엇인가? 그리고 회의 목적을 완수하기 위해서는 어떻게 회의를 구성할 수 있을까?'라는 질문에 답하면서 회의를 설계해야 한다.

다음 네 가지 일반적인 답변이 요점을 설명하는데 도움이 될 것이다.

- **결정을 내리기 위해 더 많은 배경지식이 필요하다.** 이 대답은 사회자가 주도하는 토론을 필요로 한다. 토론 모임은 기관이 직면한 중요 사안에 대해 전체 이사회의 관심을 끌고 교육할 수 있다. 토론의 목표는 논쟁에서 이기는 것이 아니라 견해를 발표하고,

질문하게 하며, 대안을 고려하는 것이다. 특별한 결정도 없으며 표결도 이뤄지지 않는다.

일반적인 관심 외에 학생 자질, 수업료, 그리고 재정적 지원이라는 밀접한 연관을 갖는 주요 사안에 대한 충분한 정보를 갖고 있지 않은 대학 이사회의 경우를 고려해 보자. 해마다 다음 해의 균형 예산에 대한 압박을 받는 재정위원회는 수업료 권고안을 이사회에 제출했다. 그 과정에 이사회가 수업료 인상의 원인과 효과에 대해 연구할 수 있는 실질적인 기회를 제공하지 못하였다. 작년에 이사회는 수업료와 학자금 지원 결정이 학생 등록자 수와 자질에 미치는 효과에 대해 좀 더 분명히 알기 위해 회의를 소집하였다. 그 뒤에, 이사회는 재정위원회의 권고에 대한 다음 해의 실행 방안을 고안하였다. 이 방안에는 학자금 지원을 전체 등록금의 25% 이하로 유지하는 대신, 실력 있는 학생들을 끌어들이기 위한 보조금을 제도적으로 기금화 하는 것이 포함되었다. 또한 이사회는 협력 학습을 증진하고 학생-교수 연구조사 계획을 포함하는 자원을 확보하기 위해 평균 학급당 인원수를 증가시킬 것을 결정하였다.

또 다른 대학에서는 전체 이사회가 열리기 전에 실질적인 주요 사안이나 특정 영역에 대한 정보를 제공하기 위해 주요 위원회가 1년에 한 번 반나절 동안 개최되었다. 예를 들어, 재정 위원회는 지출 예산, 관리 태만, 그리고 자산의 감가상각에 대해 설명하면서 이사회 모임을 이끌었다. 교수와 학생들이 포함된 교육공학 특별위원회는, 전국적인 최첨단 기술 현황과 그 기술이 학내의 학습과정을 바꾸는데 어떻게 사용되고 있는지를 알기 위해 공개토론회를 개최하였다. 모임의 결과를 의장은 다음과 같이 보고했다. "전체 이사회가 그 사안에 대해 더 잘 알게 되었으며, 재정위원회의 나이 든 회계담당자들은 이제 대학의 다른 측면을 보게 되었다."

- **현재의 문제에 대해 무엇을 해야 할지 모른다.** 새로운 업무는 반드시 쉽게 해결될 것 같지 않은 복잡한 문제를 수반한다. 이사와 경영진은 다각적인 관점을 제공하고 집단의 최상의 의견을 반영하는 해결법을 개발할 수 있어야 한다. 회의의 설계는 이러한 일을 실행하기 위해 매우 중요하다. 토론은, '자금모금 운동을 위한 상위 세 가지 우선순위는 무엇이 되어야 하는가? 또는 이사회가 기업 사회와의 관계를 개선하기 위해 취해야 하는 특별한 단계는 무엇인가?'와 같이 가까이에 있는 명백한 질문을 중심에 두어야 한다.

  작은 집단은 이사들이 자유롭게 이야기할 수 있는 좀 더 편안한 환경을 조성한다. 대학의 한 이사진은 다음과 같이 말했다. "제 의견을 다수 앞에서 말하기는 어렵지만, 소수 앞에서는 말할 수 있습니다." 작은 집단은 브레인스토밍[4]을 위한 기회를 제공하며, 어떤 질문도 그리고 어떤 생각도 할 수 있는 무대이다. 미국 중서부에 있는 한 대학의 이사진 중 한 사람은 다음과 같이 말하였다. "작은 집단 토론을 실시하기 전에는 50명의 이사 모두가 몇몇 사람이 전하는 중요한 정보를 소극적으로 앉아서 들었을 뿐이었다. 그

---

[4] 여러 사람이 모여 문제 해결을 위한 다양한 아이디어를 자유롭게 제시하고, 이러한 아이디어들을 취합·수정·보완해 정상적인 사고방식으로는 생각해낼 수 없는 독창적인 아이디어를 얻는 방법을 말한다. 브레인스토밍을 성공시키기 위해서는 ① 타인의 아이디어를 비판하지 말고, ② 자유분방한 아이디어를 환영하며, ③ 되도록 많은 아이디어를 서로 내놓도록 해야 한다.

과정에는 진지함이 없었으며, 실질적인 참여는 집행위원회로 한정되어 있었다."

- **우리는 위기에 직면해 있다.** 위기의 시기에는 이사회가 가까이에 있는 문제에 집중할 수 있도록 애써 태연한 척 하는 태도를 취해서는 안 된다. 위기에는 주요 자금원의 소실, 갑작스런 최고관리자의 이직 또는 사망, 경쟁상대의 등장, 심지어는 이사회 자체 내의 분열이 포함될 수 있을 것이다.

    예를 들어, 한 지역 알츠하이머협회(Alzheimer's Association) 지부는 1993년에 중대한 보조금 지원 단체를 잃었을 뿐 아니라 특별한 새로운 재정 지원에 대한 즉각적인 기대를 가질 수도 없었다. 지부장은 지부의 서비스 개조를 논할 이사회의 특별 회의를 소집하였다. 미션의 재인식은 이사들에게 조직의 목표를 상기시켰다. 즉, 조직을 재설계하는 것이 무엇을 의미하는 지에 대한 검토는 핵심 쟁점들에 대한 논의를 생각하는 데 도움이 되었다. 회의 끝 무렵에, 이사진은 위기관리를 돕기 위해 특정 업무에 대한 다음과 같은 책임을 받아들였다. 즉, 지역 내의 잠재적인 후원자에게 지부의 미션을 설명하고, 다른 지부의 서비스 개조 경험을 조사하며, 직원과 함께 조직을 원활하게 더 작고 더 단단하게 집중된 조직으로 전환시키는 최고의 방법을 모색한다.

- **민감한 관리방식 문제를 다룰 필요가 있다.** 최고관리자가 없는 경영회의는 이사들 사이의 열린 의사소통 기회를 제공한다. "우리는

이사회 회의 이후에 경영회의를 갖는다."라고 한 대학 이사가 말했다. "우리는 어떤 것이든 자유롭게 제기할 수 있다. 이때야말로 우리 스스로 진지하게 질문하고 조사하는 시간이다." 경영회의에서 제기된 질문들 중에는, '우리가 중요한 문제를 제대로 다루었는가?, 회의가 어떻게 진행되었는가?, 우리는 CEO를 더 잘 섬길 수 있는가?'와 같이 이사회에서도 품었을만한 질문들도 있었다. 이사들 사이 혹은 이사회와 최고관리자 사이의 의견 차이는 경영회의에서 더 숨김없이 다뤄질 수 있다. 남부 여성대학 이사진의 한 사람은 "만약 민감한 문제가 있다면, 경영회의는 우리로 하여금 서로에게 조언하는 기회를 제공한다."라고 말했다.

이러한 새로운 업무와 구조의 예들은 하나도 빠진 것 없이 완전한 것과는 거리가 멀다. 이사회는 서로 다른 목적들에 대해 서로 다른 방식으로 대처하는 실험을 해야 할 것이다. 이사회는 각각의 목적을 위해 서로 다른 형식으로 시행착오를 거쳐 어떤 방식이 유효한지 확인해야 한다.

앞장 서기

이사들은 자주 예술가, 교수, 의사 그리고 다른 전문가들이 변화를 완강히 거부한다고 주장한다. 그러나 많은 비영리 단체들에서 이사회는 가장 혁신적이지 못하며, 가장 유연하지 못한 요소들 중 하나이다. 교수진과 의사들이 소속 학과나 과를 없애는 것을 꺼리는 것처럼 이사회도 위원회를 없애는 것을 꺼린다. 이사들은 음악가가 새로운 연주 방식을 꺼리는 만큼이나 회의 구성방식의 변화를 꺼려한다. 또한 이사진들은 교사들이 새로운 검증 방법을 반대하는 만큼 강력하게 새로운 회원 기준을 반대한다.

이런 위선은 미국 중서부의 한 대학 이사장의 얘기에서 분명하게 드러난다. "이런 부류의 집단이 남의 시선을 의식한다는 것은 힘든 일이다. 그들은 전형적인 최고관리자들이다. 그들은 권력의 이양과 팀 구축에 대해 이야기 할 수는 있으나, 그것을 실천하는 것은 별개의 문제일 뿐이다. 그들은 '우리가 어떻게 지내고 있는가? 어떻게 개선해야 할까?'와 같은 질문에 불편해 한다. 구성원의 대부분에게는 과분한 생산성이 요구된다. 이사회는 교수진과 관리자들에게 이러한 질문을 하고 대답을 구하는데 망설이지 않는다. 이사회는 다른 사람들의 시간이 좀 더 효율적인지 묻고 그 질문들에 대답하는데 주저하지 않는다. 이사회는 모든 사람들의 시간이 좀 더 능률적이고 효과적이기를 원한다. 그러나 이사회 역시 개선 방안을 모색해야 한다."

이사회가 중요한 역할을 했다는 증거가 없거나, 성공이 이사회도 모르게 이뤄졌다라고 직원이 사적으로 이야기 할 때조차, 이사회는 조직의 성공이 이사회가 잘 운영되고 있다는 증거로 여긴다. 한 여자대학의 이사는 다음과 같이 얘기한다. "대부분의 이사회는, 고장이 나지 않으면 고치지 않는다는 태도를 갖고 있는데, 나는 고장이 나기 전에 고치는 것이 더 낫다고 생각한다." 대부분의 이사회가 중요성이 상당한 관리방식을 개혁하는 실험을 꺼리는 이유를 동정적으로 해석하면 이사들이 피해가 없기를 바라기 때문이고, 덜 너그럽게 해석하면 이사들이 일을 만들지 않기를 바라기 때문이다.

새로운 업무로 옮기는 것은 또 다른 업무를 요구한다. 미국 중서부 대학의 한 최고관리자는 이사회가 바뀐 후에 다음과 같이 이야기 했다. "사람들로 하여금 그들이 배우고 소유하고 있는 영역을 벗어 나게 하는 것이 필요했다. 그들은 그들이 가장 잘 알고 있는 일만 하고 나머지는 다른 사람에게 맡기기를 원했다. 그들은 조직을 관리 하기 위해 순환 배치되고 모든 것은 배워야만 했다. 그들은 단지 물리적 시설의 지킴이, 깊은 주머니에 손을 찔러 넣고 있는 관리 감독관으로부터 벗어나게 되었다."

비영리 분야의 이사회들은 기관의 변화를 촉구하고 있다. 이사들이 생산성의 증가, 능률적인 과정, 향상된 성과의 증거를 요구하는 것처럼, 그들이 다른 사람에게서 추구하는 행동의 견본이 되어야 한다. 만약 이사회가 케케묵은 생각을 버리고, 낡은 체제를 해체하고, 깊이 뿌리 내린 운영방식을 버리는 포용을 보인다면, 전문 직원들은 이사회를 따를 것이다. 만일 이사회가 이러한 새로운 업무를 수행하지 않는 다면, 이사들의 위선은 뻔한 일이 될 것이며, 이사회에 의해 부가된 가치는 조직의 혁신을 촉진시키기에 너무 적절치 않을 것이다.

바바라 테일러, 리처드 샤이트, 그리고 토머스 홀랜드는, 1996년에 발간된 『Improving the Performance of Governing Boards』와 『The Effective Board of Trustees』의 저자이다. 테일러는 워싱턴 D.C.에 있는 비영리 컨설팅 회사인 Academic Search Consultation Service의 경영이사이다. 샤이트는 하버드 대학의 교수이다. 그리고 홀랜드는 조지아에 있는 대학의 Institute for Nonprofit Organizations의 교수이자 공동 이사이다.
『Harvard Business Review, September/October 1996.』의 허가를 받아 인쇄 하였으며, 모든 저작권은 Harvard Business School Publishing Corporation. (1996)에 있다.

견 해

시장 가치 : 효과적인 박물관 마케팅 계획 수립을 위한 다섯 단계

●●● 토마스 에이지슨(Thomas H. Aageson)

    1980년대 후반, 코네티컷주 미스틱의 미스틱항구(Mystic Seaport)[5]는 미국 북동부에 불어 닥친 심각한 경기불황의 돌풍 가운데에 빠져 있음을 발견하였다. 맞벌이 부부 가정과 이혼 가정의 수가 증가하는 것과 같은 인구통계의 변화를 가져왔을 뿐 아니라, 여행 경비의 증가로 사람들의 휴가일정이 짧아지는 결과를 가져왔다. 시장 동향의 변화는 박물관 입구에서 감지되었다. 더 많은 관람객들이 당일 여행을 하였고, 뒤늦은 시간에 미스틱씨포트에 도착하기 시작했다. 1989년에 실시된 시장 조사에 따르면, 오후 1시 이후에 박물관에 도착한 사람들의 절반 이상이, 오후 4시 이후에는 방문객의 80%가 박물관 입장을 외면하는 것으로 드러났다. 17에이커(약 7만 제곱미터, 약 2만 평) 넓이의 박물관 전시장을 다 돌아보기에는 시간이 부족한 잠재적인 방문객들은, 14달러의 표가 너무 비싸다는 것을 알고 다른 명소들을 찾아 가버렸다.

    1990년 겨울, 미스틱항구 박물관의 마케팅 및 판매 담당 부사장

---

[5] 미국 코네티컷 주 미스틱에 있는 해양 관련 박물관으로 마을 전체를 19세기 항구도시 그대로 재현한 해양 민속촌 형태의 박물관이다.

이었던 나는, 브레인스토밍 워크숍을 통해 박물관의 마케팅 문제를 중점적으로 다루는, 지역사회 회원들이 포함된 폭넓은 박물관 모임을 주도하였다. 어떻게 하면 이들 오후 방문객들을 박물관 안으로 끌어들이고, 미국인과 바다 사이의 관계에 대한 폭넓은 대중적 이해를 창조하는 박물관의 사명을 발전시킬 수 있을까?

하루 종일 계속된 모임의 결과 여름철 관람시간을 오후 5시에서 8시까지 연장하기로 결정하였다. 우리는 여름 저녁시간에 방문한 사람들에게는 낮 동안 방문한 사람들에게 제공된 것과는 차이가 있는 경험을 제공하기로 결정하였다. 저녁활동에는 19세기 마술쇼, 펀치와 주디[6], 굴렁쇠 굴리기, 그리고 어린이를 위한 놀이가 포함되었다. 교육부서는 각각의 경험이 제공되는 박물관 경내에 "제품"과 "장소"를 만들었다. 그리고 마케팅 부서에서는 가격책정 및 홍보, 창의적인 광고 전략과 광고가 게재될 미디어 계획을 개발하였다.

'미스틱항구도시 여름 저녁시간'은 세 단계로 진행되는 홍보 프로그램으로 시작되었다. 첫째, 마케팅 담당 직원은 '미스틱항구 여름 저녁시간'을 소개하기 위해 지역의 모든 호텔, 명소, 상공회의소, 관광안내소를 방문했다. 그 다음에 새로운 프로그램을 알리기 위해 지역과 지역 언론 매체를 대상으로 홍보활동을 전개하였다. 마지막으로 우리는 지역 신문과 대중매체에 광고활동을 하였다. 1990년 여름에 실시된 시장 조사는, 오후 시간에 방문하기를 꺼려했던 관람객 수가 1/3로 감소되었음을 보여주었다. 저녁시간 동안의 박물관 상점

---

6) 꼭두각시 인형극

매출은 추가 비용을 충당하였으며, 곧바로 수익성이 있는 수준에 도달하였다. 우리의 마케팅 활동은 박물관 전체의 계획을 통해 나왔기 때문에 즉각적으로 성공할 수 있었다.

박물관 마케팅은 관람객과 수익을 창출해야 할 뿐 아니라 대중을 교육시키는 미션을 갖기 때문에 독특하다. 미션과 마케팅을 조화시키는 것이야말로 효과적인 계획의 핵심이다. 훌륭한 마케팅 계획을 가진 박물관은 가장 완벽한 형태의 미션 수행에 필요한 수입을 유지할 뿐 아니라 프로그램에 참여하는 관람객을 창출할 수 있다.

박물관 마케팅 계획은 활동의 수행만큼 중요하다. 계획도 없이 박물관 마케팅을 위해 그 어떤 노력을 기울여도 이는 재원을 분산시키고 방문객들을 혼란케 할 뿐이다. 기관의 연간 마케팅 계획은 주요 관람객의 일부를 대상으로 하고, 재원의 우선순위를 정하고, 활동계획 순서를 수립하며, 관찰 요소를 만들어 내며, 평가 절차를 구성해야 한다.

효과적인 박물관 마케팅 계획

마케팅 계획은 다섯 단계로 구성된다.

1. 상황분석
2. 마케팅 기회 결정
3. 마케팅 대상 설정
4. 전략과 프로그램 개발
5. 실행, 관찰, 평가

다음의 기본적인 질문에 답하기 전에는 계획을 세우지 마라. 당신의 박물관은 방문객들에게 어떤 종류의 경험을 제공하는가? 그 답은 박물관이 보유하고 있는 물품 목록이 아니라, 방문객이 그 기관에서 즐길 수 있는 활동에 관한 명세서이다. 예를 들어, 한 박물관은 소장품으로 10,527점의 그림과 조각품, 그리고 판화를 가지고 있을 수 있다. 아마도 다음 해에는 다섯 개의 전시실과 두 개의 새로운 전시회가 예정되어 있을 것이다. 유감스럽게도, 이러한 자산 목록은 잠재적인 고객에게는 별로 도움이 되지 않을 것이다. 대신에 다음과 같이 소장품을 경험 측면으로 설명하라. "방문객들은 앤드류 와이어스(Andrew Wyeth)의 가장 유명한 그림인 '크리스티나의 세계(Christina's World)'가 어떻게 그려졌는지를 설명하는 이전에 본 적이 없는 일곱 점의 작품들을 보게 될 것이다." 또는 "이 새로운 전시물은 관람객들이, 예술가의 세계를 경험할 수 있도록, 판화로 프린트할 수 있다."

1. 상황분석

상황분석은 전략적 마케팅 계획을 수립하는 첫 번째 단계이다. 박물관의 현재 상황을 시장 관점에서 조사하는 것은 미래를 위한 토대를 마련하는 것이다.

첫째, 박물관의 현재 고객들에 대해 알아보아야 한다. 이것은 시장조사에 의해 가장 좋은 답을 얻을 수 있다. 예를 들어, 방문객의 우편번호를 물어보는 것은 그 해의 서로 다른 시기에 박물관을 방문하는 사람들에 대해 많은 것을 분명히 알 수 있게 한다. 다음 질문에 답하고자 하는 분석을 실시하라. 관람객들은 왜 박물관을 방문하는가? 누가 박물관 방문을 결정하는가? 관람객들은 언제 박물관 방문을 결정하는가? 이러한 질문들에 대한 답은 광고할 장소와 시간을 어떻게 관리할지 알려줄 수 있기 때문에 매우 중요하다. 예를 들어, 우리는 매표소에서 우편번호를 수집하였다. 수년간 우편번호를 비교하는 것은 매 분기별로 광고를 집중했던 지역으로부터 오는 관람객의 양적 변화를 알 수 있게 하였다.

다양한 사회적 가치가 관람객의 방문에 어떤 영향을 미치는지 검토해야 한다. 예를 들어, 어린이 혹은 가족의 과학관 방문 결정은? 만일 관심 그룹에서 어머니들이 박물관 방문 결정에 영향을 미치는 것이 발견되면 이들 결정권자에게 도달할 수 있도록 홍보 전략의 초점을 맞춰야 한다.

정치적인 환경을 검토하라. 지역, 주, 혹은 국가의 법률이 박물관에 어떻게 영향을 미치고 있는가? 예를 들어, NEA[7] 자금 조달 문제는 전시 일정을 변경시킬 수도 있다. 입장료에 세금을 부과하려는 노력은 가격 책정에 영향을 줄 수도 있다. 새로운 예술법은 마케팅 비용을 해소해 줄 수도 있다. 또는 미래의 전시에 대한 마케팅 자금이 주정부의 새로운 관광 보조금 프로그램으로부터 제공될 수도 있다.

경제적 환경을 평가하라. 경제적인 상승과 하락은 금리나 지역의 고용 변화를 일으키는 것만큼 방문객들에게 영향을 미칠 것이다. 휘발유의 부족은 여행 방식을 바꿀 수 있다. 맞벌이 부부 가정은

---

7) 전미교육협회 : National Education Association

박물관에서 지낼 수 있는 시간이 많지 않을 것이다. 마케팅 비용의 증가는 당신의 박물관 예산에 심각한 영향을 줄 수도 있다.

경쟁자를 확인하라(박물관의 경우 그 범위가 매우 넓을 수 있다).[2] 돈 보다는 시간에 대한 사람들의 경쟁이 성공을 위한 가장 심각한 장애물이다. 당신의 잠재적인 방문객들을 겨냥한 다른 관광 명소들에는 어떤 것이 있는가? 이 질문에 대한 답을 아는 것은 중요한 마케팅 결정으로 이어질 것이다. '미스틱항구박물관'과 '미시틱수족관'은 서로 경쟁하며, 좀 더 많은 사람들이 그 지역을 방문하도록 만든다. 이렇게 하여 서로 돕는 것이다. 이러한 사실을 인지하는 것은 직원들로 하여금 양 기관의 방문객을 증대시키는 데 도움이 되는 교차 프로모션을 개발하도록 격려하였다.

물리적 환경 또한 마케팅 계획을 세우는 방법을 결정한다. 박물관은 계절적 영향력에 주의를 기울여야 한다. 당신의 지역에 날씨 패턴이 변화고 있는가? 예를 들어, 1998년에 엘리뇨는 몇몇 기관들의 야외 행사에 영향을 끼쳤다. 위치, 부지, 접근성, 주차, 그리고 대중교통과 같은 요인들이 계획에 영향을 미칠 것이다.

기술은 박물관 마케팅 계획에서 그 역할이 증대되고 있다. 기술이 박물관의 오늘과 미래에 어떻게 영향을 미칠 것인가? 박물관 홈페이지에 방문하는 1,000명의 사람들을 어떻게 하면 더 많이 박물관에 방문하도록 할 수 있을까? 온라인 방문 시간과 근원을 추적함으로써 당신의 홍보를 평가하라. 사용자의 이름과 주소를 수집하면 방문객과의 관계를 발전시키는데 도움을 주는 능률적인 "전자우편" 사용을 가능하게 한다.

계획을 수행하는 동안 기관의 상황을 계속 분석하라. 연례보고서에 기초하여 마케팅 활동에 대한 회계감사를 시행하라.[3] 마케팅 회계 감사는 계획의 강점과 약점을 알려줄 것이다. 정책, 구조, 직원, 재원, 목표를 검토하라. 현재의 마케팅 목적을 평가하고, 목표가 달성되었는지 여부와 결과에 대한 근거를 결정하라. 박물관이 목표 관람객에 도달하였는가?

2. 시장 기회

박물관의 현재 상황과 관람객에 미치는 외부 영향을 조사한 후 잠재적 관람객을 결정하라. 전통적인 시장 너머를 보라. 예를 들어, 만일 우편번호를 조사한 자료가 주요 대도시 지역의 주민들이 박물관을 방문하지 않는다는 것을 보여 준다면 다음 해에는 그 지역의 지하철에 마케팅 활동을 집중하라. 박물관을 방문하지 않는 그룹에 초점을 두면 박물관의 전시물과 프로그램 개념이 그들의 방문에 동기 부여가 될 것인지 말해줄 것이다.

박물관이 끌어들이기를 원하는 새로운 시장이 있는지 결정하라. 자원이 제한적일 것이기 때문에 목표가 되는 핵심 시장은 몇 안 된다. 예산을 여러 시장에 흩어서 노력을 약화시키기 보다는 집중시키는 것이 더 낫다. 흥미, 나이, 계절, 지리학, 심리학, 또는 인구통계학과 같은 다양한 범주로 시장을 분리하라. 이 정보는 부분적으로 PRIZM과 같은 프로그램을 사용한 우편번호 분석으로부터 얻을 수 있다.[4] 관람객이 가족이든, 학생단체이든, 중장년층이든, 특정 인종 단체이든, 또는 여행객이든 각 관람객층과 시장틈새는 특별하다. 방문객에 대한 설문 조사는 그들이 사는 곳, 방문 시기, 방문 이유를 확인하는데 도움을 줄 것이며, 그 목표는 다음 해의 계획을 위해 목표 관람객을 명확하게 정의하는 것이다.

3. 시장 목표 설정

기본적이고 폭넓은 목표부터 시작하라. 전반적인 관람객 수와 매출 목표를 진술하고 난 다음 각 시장별로 세분화하라. 새로운 시장, 지역 기업과의 마케팅 협력, 또는 특별 전시회와 같은 중요하고 특별한 마케팅 계획을 상세히 기술하라. 다른 박물관과의 협력이나 통합 입장권과 같은 새로운 계획을 언급하라.

그 다음에 구체화하라. 다양한 목표 달성을 위한 마감일은 언제인가? 월간 및 분기별 활동 계획을 수립하라. 마감일까지 달성하고자 하는 관람객과 수익 목표를 수치로 나타내라. 목표 대상 관람객에게 어떻게 접근할 계획인지 결정하라. 예를 들어, 특별한 관람객층을 끌어들이기 위해 주말에 라디오 광고를 하기로 결정했다면 계획에 진술하라.

4. 전략과 프로그램 개발

계획을 수행하기 위한 수단을 개발하기 위해 위에서 언급한 "박물관 경험"으로 돌아가라. 박물관에서 제공하는 경험과 고객들의 관심을 바탕으로 하여 대중들에게 박물관을 어떻게 나타내 보일지를 결정하라. 먼저, '포지셔닝 구호(Positioning Statement)'[8]를 개발하라. 포지

---

[8] 마케팅 용어의 하나로, 경쟁자와 구분되는 독창적 정체성을 표현하는 것

셔닝 구호는 기관의 미션과 마케팅이 함께 하는 것이며, 고위 경영진 모두가 이에 동의해야 한다. 박물관이 "대형범선"이 있는 곳이든, "가족 학습경험"의 장소이든, 또는 "과학이 재미있는 곳"이든지 간에 포지셔닝 구호는 사람들에게 지속적인 인상을 심어줄 핵심 메시지이다.

일단 시장지위가 결정되면 상품, 가격, 홍보, 장소 등 마케팅의 핵심적인 요소들을 역점을 두어 다룬다.

상품은 다음 해에 방문하는 관람객들에게 박물관이 제공할 명세서이다. 프로그램과 전시물을 보여주는 가장 좋은 방법은 박물관이 방문객을 위해 만든 경험을 통해 보여주는 것이다. 예를 들어, 자연사 박물관에서 실시하는 시골의 바구니제작자에 대한 특별 프로그램은, 관람객들이 대상과 상호작용하고 숙련공과 만날 수 있는 경험으로 나타나져야 한다. 방문객에게 주는 이익이 강조되어야 한다.

다음은 가격책정 전략이다. 방문객들은 그들의 방문이 가져올 금전적 가치를 알려주는 내부 계산기를 가지고 있다. 고객이 되려는 사람들은 한 번의 방문에 사용할 수 있는 금액과 시간을 방문에 따른 이익과 견주어 본다.

가격 책정은 매우 중요하며, 가격 책정 전략은 분명해야만 한다. 미스틱항구 박물관에서 우리는 "두 번째 날 무료"를 포함하여, 회원들에게 무료입장과 환불을 제공하는 가격 전략을 시험했다. 박물관은 필요한 예산이나 전년도의 수익에 대한 비율을 기반으로 하여 가격을 정하는 실수를 범할 수 있다.

사람들은 종종 홍보와 마케팅을 같은 것으로 생각하지만, 이는 단지 혼합된 일부분일 뿐이다. 홍보는 광고, 홍보활동, 행사 그리고 단체관광과 같은 활동의 판매를 포함한다. 마케팅 담당자는 포지셔닝 구호를 기반으로 한 창의적인 전략을 정의한다. 창의적인 전략에는 출판물과 텔레비전을 위한 예술적 제작 활동, 출판 광고를 위한 주요 제목과 원고(Copy), 그리고 라디오와 텔레비전을 위한 음원(Voice) 개발이 포함된다. 또한 홍보 담당자는 원고와 유형 같은 요소를 생각함으로써 홍보의 대략적인 설계(Layout)를 개발한다. 홍보는 마케팅 계획을 통해 최적화되며, 전략적인 방향, 잠재고객 계층 결정, 마케팅의 지위, 그리고 창의적인 계획을 지원한다. 또한 홍보라 알려진 홍보활동은 모든 마케팅 업무를 보강하는 홍보 노력의 일부이다.

 광고 전략을 개발한 후에는 광고, 안내책자, 그리고 특별 홍보를 위한 월간 일정을 수립해야 한다. 이 단계에서 안내책자, 광고 인쇄물, 라디오, TV, 광고판, 그리고 전자 매체를 위한 자금을 배정한다. 매체의 선택은 잠재적인 고객들의 인구통계와, 그들이 언제 어디서 여가를 결정하는지를 기반으로 해야 한다. 예를 들어, 박물관이 다른 곳에서 오는 방문객을 끌어들이기를 원하면 여행자들이 사는 지역과 주의 인쇄물에 홍보를 한다. 만약 어느 지역의 가족들이 박물관을 목적지로 선택했다면 그들이 도착하기 일주일 또는 그 이전에 지역 매체를 통해 기관을 홍보한다. 원하는 적당한 매체를 선택하는 데는 많은 준비가 필요하다. 몇몇 특별 행사는 입장권을 준비해야 하는 관계로 홍보에 좀 더 오랜 시간이 걸린다. 어떤 행사들은 개최 일에 임박하여 집중적으로 홍보하는 것이 이득이 될 수도 있다.

 마케팅 믹스[9]의 네 번째 부분은 "장소", 또는 상품의 유통이 일어나는 곳이다. 마케팅 계획은 도로표지, 도착 지점, 박물관의 접근, 박물관 입구의 영향, 그리고 다른 장소에서의 잠재적 행사들의 문제를 다루어야 한다.

다음으로 직원 월급, 광고비용, 광고 준비, 안내 책자와 배포, 우편료, 안내책자 원고 의뢰 과정, 특별행사 비용, 여행박람회 참여, 그리고 시장 조사를 포함하는 예산을 개발하라. 관람객들을 만들기 위해 필요하다고 느끼는 모든 마케팅을 할 만한 충분한 돈을 가진 박물관은 없다. 한정된 자원을 할당하는 것은 매우 어렵지만, 훌륭한 조사와 견고한 계획에 근거한 결정을 내린다면 박물관 관리자는 더 많은 자신감을 가질 수 있을 것이다.

시장 조사는 박물관의 관람객들을 이해하고, 관람객이 어떻게 변화하며, 홍보 활동의 효과성을 측정하는데 필수적이다. 내년도 계획의 미세한 조정에 사용될 자료 수집을 위한 자금을 연간 예산에 배정하라. 많은 기관들이 마케팅 예산의 5%를 조사비로 할당한다.

5. 실행, 관찰, 평가

모든 기관의 이사회 임원부터 직원에 이르기까지 모두가 마케팅 계획의 주주가 되어야 한다. 아는 것이 많은 직원들은 그 계획의 열렬한 지원자가 될 수 있다.

마케팅 계획에 목표를 배치하여 성과를 평가하라. 목표에는 관람객, 수익, 대중매체 홍보 시기와 조사 일정, 특별 행사, 그리고 시장 조

---

9) 마케팅 믹스(Marketing Mix) : 마케팅 목표의 효과적인 달성을 위하여 마케팅 활동에서 사용되는 여러 가지 방법을 전체적으로 균형이 잡히도록 조정 구성하는 일

사가 포함될 수 있다. 이러한 목표들은 적어도 분기별로 보고되어져야 한다. 대부분의 기관들은 관람객과 수익을 매일 추적한다.

기념품점과 음식 서비스를 어떻게 마케팅 계획에 맞출 수 있는가? 기념품점과 음식 서비스 관리는 아주 일찍 계획을 세워야 한다. 그들은 주요 마케팅 계획을 고려하여, 그들만의 연례 사업 계획을 개발하라는 요청을 받게 될 것이다. 예를 들어, 사진 저작권, 출판물, 그리고 허가증과 같이 수익을 내는 것에 대한 자신들만의 계획 역시 필요하다. 이러한 것들 역시 전체적인 박물관 마케팅 계획에 잘 들어맞아야 한다.

연말에 마케팅 계획 목표와 달성된 결과를 비교하여 공식적 평가(Formal Evaluation)[10]를 실시하라. 전략이 어떻게 작동했는지 심도 있게 평가하라. 시장 조사와 조사 결과를 보고하라. 평가는 그 해 계획의 끝이자 다음 해 계획의 시작이다. 따라서 계획의 순환은 리듬을 갖는다. 다음 번 계획은 좀 더 정교해지고, 과정은 더 신뢰할 수 있을 것이다.

결론

이 글은 박물관 마케팅 활동을 구축하기 위한 전통적인 틀을 기술하고 있다. 물론, 각 박물관은 자체적인 마케팅 방식을 발전시킬 수 있을 것이다. 마케팅 계획을 세우는 것은 박물관 경영진이 관람

---

10) 사전에 자료수집계획을 철저히 세우고, 평가대상의 장단점에 관해 체계적인 절차에 따라 수집된 공식적인 증거를 바탕으로 평가자가 의도한 대로 행하는 평가로, 철두철미하고 구조화되고 공식적인 것이 특징이다.

객을 창출해 내기 위해 요구되는 것에 초점을 맞추는 데 도움이 된다. 이 계획은 무엇을 달성해야 하며 과정의 각 단계에서 누가 책임을 져야 하는지 상세히 설명한다. 계획을 수립하는 과정은 경영진이 연간 마케팅 전략에서 중점을 두어야 하는 과정이다. 이 계획은 박물관 경영진이 마케팅 진행 상황을 관리하고 방향 수정이 필요한지를 나타내기 위해 매일은 아니더라고 주간 단위로 사용되는 작업 문서이다. 계획이 없다면 박물관은 돈이 현명하게 쓰이는지 알지 못할 것이다. 비록 결과가 목표에 적중하지 못하더라도 계획은 전략이 왜, 어디서 효과가 있었는지 이해할 수 있도록 도움을 줄 것이다. 또한 이는 앞으로 더 향상되고 효과적인 계획으로 이어질 것이다.

> 토마스 H. 에이지슨은 19년 동안 미스틱항구박물관에서 소매 운영, 음식 서비스, 그리고 마케팅부를 관리하였으며, 마케팅 및 구매 담당 부관장을 역임했다. 현재는 산타페에 있는 뉴멕시코재단 박물관의 대표이사로 있다. 허가를 받아 Museum News(1999년 7/8월)에서 발췌하여 재인쇄하였으며, 모든 권리는 미국박물관협회 소유임.

주(註)

1. 시장 조사에 대한 도움이 될만한 논의는 네일 G. 코틀러와 필립 코틀러의 *Museum Strategy and Marketing: Designing Mission, Building Audiences, Generating Revenue and Resources* (San Francisco, Jossey-Bass, Inc., 1998)의 6장(pp.147-173)을 보라.

2. 경쟁 분석에 대한 뛰어난 논의는 위 *Museum Strategy and Marketing* 의 69-73 쪽에서 볼 수 있다.

3. 마케팅 회계감사에 대한 자세한 논의는 *Museum Strategy and Marketing* 의 341-346 쪽을 보라.

4. 1992 년, 미스틱항구 박물관은 매체를 선택 결정하는 PRIZM 해석을 수행하였다. 이 역시 *Museum Strategy and Marketing* 의 130-132 쪽에서 볼 수 있다.

V
변화에 대비하기

Ⅴ. 변화에 대비하기

21세기 들어 과학센터는 다른 박물관 또는 여가시설과 마찬가지로 새로운 도전에 직면하게 되었다. 과학센터가 대중적인 나라들에서 넘쳐나는 정보와 오락거리의 선택은 사람들에게 식상함을 주고 있으며, 가속화 되는 과학기술의 변화 또한 따라잡아야만 하게 되었다. 결과적으로 인터넷이 등장하기 전 수십 년 동안 관람객들의 행동양식에 적용되던 규칙은 더 이상 적용할 수 없게 되었다.

애리조나 과학관센터에서 실시한 설문조사에 따르면, 관람객들은 과학센터를 "즐거움과 배움"의 장소이며 "어른과 어린이"를 위한 장소로 생각한다고 답변했다.[1] 이러한 결과는 다른 박물관이나 과학센터 동료들과의 대화에서도 동일하게 나타난다. 방문객들은 과학센터를 방문하여 얻은 경험에 매우 만족해하면서도 다른 한편으로는 "다음에 오면 새롭게 달라진 것이 있을까?"라고 질문을 한다. 일 년 동안 새로운 순회전시의 관람이 가능할 것인가는 연간 회원권 구매 결정에 많은 부분을 차지한다. 과학센터는 기존 관람객을 유지하기 위해 체험을 할 수 있는 새로운 전시물을 제공해야 하며, 적절한 마케팅 활동을 해야 하는 엄청난 압박 아래 있는 것이다. (관광객이 주 고객인 박물관은 관광이 성행할 경우 이러한 부담에서 벗어날 수 있을 것이다.)

사업 경영자들은 기존 고객 유지가 신규 고객 창출보다 비용적인 면에서 항상 더 효율적이라고 말한다. 이들은 비영리단체의 경영자들에게 산업계에서 개발된 전략적 기획 기법을 활용하여 "경쟁우위"를 찾고 그에 따른 실행계획을 세우라고 권한다.[2] 그 첫 번째 단계로 주변 유사 서비스 제공 기관을 조사해 본다면 대부분의 과학센터들은 기가 꺾일 것이다.

과학센터의 성공을 이끌어 내는 주요 요인들의 대부분을 다른 조직, 즉 미션수행 조직과 상업적 조직 양쪽 모두에서 따라하고 있다. 핸즈-온(Hands-on) 기법은 모든 종류의 기관에 퍼져있으며, "상호작용"이라는 단어는 정보기술 분야에서 발전하고 있고, 쇼핑몰과 놀이공원 역시 "교육적, 몰입형 경험"을 제공하는 것의 가치를 알게 되었다. 심지어 라스베거스(Las Vegas)의 리조트들에서도 순수예술과 문화유물 전시가 이뤄지고 있다. 과학센터의 경쟁자는 점점 늘어나고 있는 것이다.

번성을 위해 과학센터는 자유로운 환경에서 상호작용 교육을 제공하는데 탁월한 성과를 보여주어야 한다. 대부분의 과학센터들에게 경쟁우위를 유지하는 것이란, 방문객들에게 즐거움을 주는 확실한 교육적 경험에 초점을 맞추는 것을 의미한다. 이는 의미를 전달하기 위해 수많은 글과 비디오를 통한 비유를 사용하기보다 전시물을 통해 현상을 직접 보여주는 것을 의미한다. 이는 관람객과 전문가 사이에 실생활과 관련된 소통을 장려하는 프로그램을 제공한다는 것을 의미하며, 대중에게 가장 최고의 새로운 것을 제공하기 위해 지역사회의 가능한 과학 자원들과의 의미 있는 협력을 구축하는 것을 말한다. 과학센터의 상업적 경쟁자들은 이러한 관계를 발굴하고 발전시키는데 특별히 시간을 투자하지 않을 것이다.

대형 화면 영화(Large-Format Films)

변화하는 경험을 제공하기 위해 과학센터가 택한 방법 중 하나가 "대형화면 영화"를 보여주는 것이다. 캐나다 정부의 지원을 받은 아이맥스사(IMAX Corporation)가 선도한 이 기술은 십여 년간 과학센터의 부흥과 함께 하였다. 대형 화면 영화는 70mm 필름을 사용하여 제작하는데, 기존의 35mm 필름을 사용할 때보다 훨씬 더 세밀한 화면으로 담아낼 수 있다.

이제는 대중적 회사가 된 아이맥스는 최근 미국과 그 외 여러 나라의 쇼핑몰과 복합영화관들의 대형화면 영화 보급을 선도하고 있다. 아이맥스도 점차적으로 70mm 영화 제작과 운영을 공급하는 다른 업체들과의 경쟁에 직면하고 있다.

대형 화면 영화들은 대부분 독립 영화제작자에 의해 만들어지는데, 때로는 박물관이나 박물관 연합체, 또는 야생동물협회(National Wildlife Federation)와 같은 관련 단체에서의 재정지원으로 만들어지기도 한다. 이 글을 쓰고 있는 현재 시점에는 디즈니(Disney)가 대형 화면 영화 제작을 이끌고 있다. 현재 70mm 영화를 볼 수 있는 극장들은 대부분 박물관 내에 있다. 교육적인 면과 상업적인 면 모두를 아우르는 시도의 실패를 경험한 뒤, 제작자들은 어느 한쪽에 더 중점을 두게 되었다. 적합한 영화를 선택하는 것은 오늘날 대부분의 지역사회에서 발견할 수 있는 다른 대형 화면 극장으로부터 과학센터를 차별화하는데 도움이 될 수 있다.

1999년 연구자 바바라 플래그(Barbara Flagg)는 국립과학재단의 일부 지원을 받은 일곱 개 영화를 조사했다. 그녀는 관람객들이 매체의 시각적 표현 방식은 계속 즐기고 있지만 내용의 빈약함에 실망하는 것을 발견했다.[3] 과학센터를 찾는 성인 관람객은 학력이 높고 학습에 관심을 갖는 경향이 있다. 영화제작자들은 대형화면 영화의 초기 실험들에 대해 만족하지 못했으며, 제작하는 영화의 다채로움을 향상시키기 위해 노력을 기울이고 있다.

대형화면 영화는 여행기적인 것에서 이야기식인 것으로, 종종 컴퓨터 그래픽으로 얻어진 믿을 수 없을 만큼 훌륭한 영상들로 변해 갔다. 그러나 영화가 좋아지고 더 많아지면서 역설적으로 관객의 수는 줄어들었다. 다양성을 제공하기 위해 과학센터는 동시에 하나 이상의 영화를 상영하거나 상영시간을 단축하였다. 10년 전에는 방문객의 70% 혹은 그 이상이 영화를 관람했으나, 21세기에 들어와서는 35% 정도로 감소하였다. 전에는 제작자들이 영화를 대여해 주고 9만 달러를 벌었으나, 현재는 6만 달러 밖에 벌지 못한다. 대부분의 전시기획자, 제작자, 그리고 배급자에게 이는 분명히 많은 이득이 되는 사업은 아니다. 다른 즐길 거리가 별로 없는 작은 도시에서는 예외를 보이기도 한다. 그럼에도 불구하고 좋은 영화는 과학센터에서 관람객이 경험할 수 있는 선택의 기회를 증가시켜 준다.

몇몇 과학관들은 돔 모양의 대형화면 극장을 만들어서 이를 천체관으로도 사용할 수 있도록 하였다. 이는 재정적 측면에서는 유리한 점이 있지만, 업무상 복잡함을 일으키고 영화관과 천체관 기능 사이의 경쟁을 낳았다. 비록 "완전한 돔 형태의 영사" 기술은 아직 개발되지 않았지만, 둥근 형태의 새로운 영사 장치는 개발 중에 있다.

다른 과학관들은 자신들의 극장을 레이저 쇼, 회의, 원격회의 혹은 임대용으로 사용하고 있다. 특히 디지털기술이 현실화 되고 과학관들이 대체 수입원을 찾으면서 더 많은 부가적인 활용에 대한 연구가 진행되고 있다.

순회 전시

1970년대부터 과학센터들은 기획전시와 순회전시를 제작하고 전시하는데 깊이 관여해 왔다. 이러한 전시들의 상당수는 1천~4천 ft^2 (대략 90~400m^2) 정도의 작은 규모이며, 예술과 과학, 건강, 뉴스 속의 과학, 새로운 기술, 환경문제 등 광범위한 주제에 걸쳐 이루어진다. 미국에서는 국립과학재단이 전시기획, 제작, 평가에 엄격한 기준을 고안함으로써 책임 있고 효과적인 순회전시가 만들어지도록 장려하고 있다.[4] 결과적으로 몇몇 과학센터의 연구개발 직원들이 순회전시의 자료들을 개발하고 있다.

주제가 가지고 있는 본질적인 흥미 때문에 소규모 순회전시는 박물관의 주요 관람객층의 반복적인 방문을 이끌어낸다. 순회전시는 과학관 직원이 새로운 프로그램을 개발하고, 새로운 대외관계와 마케팅 협력을 추구하도록 자극한다. 하지만 순회전시는 대개 관람객을 확장시키지도 못하며, 재정적인 측면에서도 기여하는 부분이 작은데, 이는 전시를 대여하고, 설치하고, 홍보하는데 들어가는 비용이 추가 관람객이 생기면서 발생하는 수입과 거의 같기 때문이다. 그럼에도 불구하고 순회전시는 과학센터의 미션과 연관된 목표를 달성하는 데 도움을 줄 수 있다.

투탕카멘의 보물전(Treasures of Tutankhamen)이 미국의 미술관에서 놀랄만한 반향을 보인 1970년대 후반부터 과학센터들은 초대형 전시 개최를 시험해오고 있다. 2001년 10월 ASTC 연례 컨퍼런스의 한 토론장에서 초대형 전시란 다음 사항을 갖춘 전시로 정의하였다.

- 전시 장소에 상관없이 주목을 끌 수 있도록 인기 영화나 TV프로그램에서 가져온 인지도 있는 제목
- 처음 방문한 관람객이 충분히 만족하고, 방문의 가장 신뢰할 만한 유인책인 입소문을 낼 수 있을 만큼 충분한 규모와 인상적인 수준
- 부분보다 전체가 더 커질 수 있도록 프로그램과 마케팅 협력을 개발하는 기회
- 관람객이 올 수밖에 없이 만드는 필수 흡인 요소

관람객 수를 두 배로 늘릴 수 있었던 초기의 성공은 움직이고 포효하며 새끼를 지키는 공룡로봇에 기인했다. 그러나 두 번째로 과학관에 공룡 뼈를 가져왔을 때 관람객 수에 미치는 효과는 그렇게 극적이지 않음을 발견하였다. 비록 흥행몰이의 효과가 더 이상 자동적이지는 않지만, 공룡은 여전히 과학센터와 과학관 관람객들에게 계속적인 매력으로 여겨진다.

수입과 직원 수를 계속 유지하기 위해 과학관들은 아마도 초대형 전시를 잇달아 시도하려고 할 수도 있다. 하지만 이는 과학관을 위험에 빠뜨릴 수도 있는데 이는 문서상으로 좋아 보이는 전시가 실제로 흥행몰이 전시로서의 기능을 하지 않을 수도 있기 때문인데, 특히 도시에 있는 다른 기관이 비교될만한 전시를 하고 있으면 더욱 그러하다. 그러나 진정한 초대형 전시는 재정적인 성공과 적자인 해를 결정짓는 중요한 역할을 하며, 특히 어려운 시기에는 더욱 그러하다. 2001년 9월 11일 테러리스트들이 뉴욕을 공격한 후 미국 전역에서 과학센터의 관람객 수는 급격히 감소했다. 이 때 초대형 전시를 하고 있던 과학센터는 다른 곳보다는 형편이 많이 좋았다.

보스턴 과학박물관(Museum of Science in Boston)의 상설전시 이사인 래리 벨(Larry Bell)은 수년 동안 초대형 전시를 유치해 온 보스턴 과학박물관 같은 기관들도 장기적으로는 초대형 전시의 효과를 정량화할 수 없다고 말한다. 벨은 과학관의 관람객 수는 부침을 겪어 왔다고 이야기한다. 하지만 과학관을 확장하고, 전시물을 교체하며, 대형화면 영화관을 추가하고, 대형 전시를 연속적으로 유치하면서 서로 다른 경제적 시기를 견뎌왔으나, 이 요소들 중 어느 하나의 효과를 따로 분리해서 보는 것은 어렵다.[5] 몇몇 과학관 전문가들은 초대형 전시가 어차피 과학관을 찾아오려던 관람객을 끌어들이는 것이어서 관람객의 방문 연도를 바꾸는 것일 뿐이라고 생각한다. 하지만 불타나게 찾는 인기 있는 초대형 전시는 이것이 없었다면 과학 센터를 찾지 않았을 장년층과 십대후반 청소년들과 같은 관람객들을 많이 끌어들일 수 있다.

어떤 전시가 관람객들의 흥미를 끌어들일지 어떻게 알 수 있을까? 과거에 그 전시를 열었던 기관에 무슨 일이 있었는지 물어보라. 어떤 특별한 전시에 지역사회가 어떤 반응을 보일지 알고 싶다면 지역의 미술관에 그들이 했던 초대형 전시가 얼마만큼의 관람객을 끌어들였는지를 물어보라. 어떤 사람들은 다른 종류의 박물관들이 기존의 미술품이나 역사적 유물을 빌려오는데 비해 과학관은 새로운 전시물을 만들 수 있다는 점에서 이들보다 이점이 있다고 생각한다. 과학센터에 의해 만들어지든 혹은 관련된 상업적 제작자들에 의해 만들어지든 전시물이 정말로 찾기가 어렵다.

마케팅 담당자들은 과학센터가 단순히 초대형 전시를 유치하는 기관으로서의 정체성을 갖게 되는 것에 대해 경고한다.[6] 시장조사원들이 지역 사람들에게 당신의 과학센터에 대해 물었을 때, 과학센터의 미션과 핵심 활동이 제일 먼저 떠올라야 한다. 오래된 역사를 가지고 지역사회에 봉사해온 기관이 아닌 생긴 지 얼마 안 되는 과학센터들에게 이것은 어려운 일이지만 꼭 필요한 목표이다. 과학센터는 주요 관람객 층이 계속 과학관에 와서 즐기고 지역사회에 대한 과학관의 특별한 기여에 대해 가치를 평가하도록 해야 한다. 초대형 전시는 지역사회에 과학센터를 알리고 권위를 정립하는데 유용하지만, 이는 센터의 존재 이유인 수준 높은 핵심 활동들을 지속적으로 제공할 때에만 가능할 것이다.

후원

과학센터의 후원자들은 과학센터와의 관계를 점점 자선의 개념보다는 경제적 시선으로 보게 될 것이다. 회사들이 합병을 하거나 생산라인을 변경하게 되면 지원금이 줄어들 수 있지만, 마케팅 부서는 여전히 서로에게 이익이 되는 후원을 위한 자금을 가지고 있다.

후원자에게 이익이 되는 것은 어떤 것일까? 때때로 후원자들은 단지 많은 관람객들이 양질의 프로그램이나 영화 또는 전시물에 써진 자신들의 이름을 보길 원한다. 하지만 모든 후원자들에게 이러한 수준의 노출이 충분할 것이라고 생각해서는 안 된다. 어떤 후원자들은 다음과 같은 행동을 요청하기도 한다. "우리 자동차 판매점에 와서 시승을 하고 과학센터의 1달러 할인 쿠폰을 받으세요." 혹은 "우리 현금지급기를 사용하고 아이들 무료입장권을 받으세요." 후원사들로 하여금 이러한 행동을 실행하게 하고, 또 관람객들의 과학관 방문을 촉진하는 관계를 발전시키기 위해 과학관 마케팅 담당자들은 잠재적인 후원자의 요구를 조사해야 할 필요가 있다. 거래를 성사시키기 위해서는 정보가 필요하다.

그 중요성이 증가하고 있지만, 후원은 유·불리가 혼합된 것일 수도 있다. 후원사의 마케팅 직원이 관람객의 경험에 방해가 되는 양보를 요구할 수도 있는데, 이런 경우 과학관은 정중하면서도 단호한 입장을 취해야 한다. 후원은 과학센터 직원 입장에서는 책임도 함께 따른다는 것을 기억해야 한다. 과학센터는 마케팅 활동을 접합하는데 협력하고 결과를 기록할 준비가 되어 있어야 한다. 정확한 기록은 다음 번 후원을 얻는데 도움이 될 것이다.

후원사와의 관계는 과학관을 통한 후원사 웹사이트 링크도 포함될 것이다. 많은 사람들이 정보를 얻기 위해 인터넷을 사용하기 때문에 웹사이트 없이 감당할 수 있는 과학관은 없다. 일반적으로 과학센터들은 웹사이트를 광고나 다른 수입원으로 보기보다는 마케팅 도구로 여긴다. 몇몇 과학관들은 웹사이트를 사업 도구로 사용하는데, 관람객들이 온라인 예약을 하는 것 등이 그 예이다.[7] 몇몇 과학관들은 웹사이트를 멀리 있는 학교단체 관람객을 위한 가상투어 혹은 특이한 과학 행사의 방송 등과 같은 추가적인 교육 활동을 제공하는데 이용하기도 한다. 일반적으로 이러한 교육 활동은 특별한 재원과 직원들을 필요로 하는데, 과학관 설립 초기에는 여력이 없을 것이다.

서비스

많은 과학센터들을 위한 "반복적인 사업"의 또 다른 원천은, 과학관 직원들이 학교가 할 수 없는 서비스를 제공하여 교육 공동체와의 관계를 형성하는 것이다. 과학센터는 재능이 있는 직원, 광범위한 전문가, 중립에 대한 신망, 사업공동체와의 연계와 같은 자산을 갖고 있어서 지역사회 내에서 채워지지 않는 요구에 이들을 사용할 수 있다. 이는 아마도 탐구기반 교사연수, 또는 원격학습, 혹은 학생, 교사, 부모들의 노동시장과 관련된 사안에 대한 이해를 돕는 프로그램이 포함될 수 있을 것이다. 기술학교나 경제개발단체 등과 같은 지역

단체들과 협력함으로써 과학센터는 인력을 강화하고, 지역사회에서 존재감을 높이며, 공공의 선에 기여하면서 재정을 늘릴 수도 있다.[8]

많은 과학센터들은 수년 동안 지역 학교 당국과 관계를 맺어왔다. 미국의 예를 들면, 워싱턴주 시애틀의 퍼시픽 과학센터(Pacific Science Center)와 노스캐롤라이나주 샬롯의 디스커버리 플레이스(Discovery Place)는 각각 그들 자신의 주 및 지역 학교들과 오랜 기간 관계를 맺어왔다. 뉴저지주 저지시티(Jersey City)에 있는 리버티과학센터(Liverty Science Center)는 학생들이 제한된 자료를 갖고 있는 30개 학교들에게 도움이 되는 프로그램을 제공하기 위해 주정부로부터 재정지원을 받는다. 이러한 관계를 형성하는 데에는 시간이 많이 걸리는데, 이는 과학센터가 기존의 교육기관들의 경쟁자가 아니라 협조자라고 설득해야 하기 때문이다. 나아가 주정부나 시정부의 재정지원에 의존하는 프로그램들은 재정압박의 시기에는 위기에 처할 수도 있다. 재정 지원의 지속성을 유지하기 위해, 과학센터는 프로그램을 지지해 주고 프로그램의 목표를 달성했음을 보여주는 좋은 친구가 필요하다.

재정지원을 하는 기구는 프로그램의 내용과 함께 이것이 평가받는 방법이 자신들의 의제와 맞도록 비영리재단에 압력을 행사할 수도 있다. 재단과 정부기구들은 사회공학적(Social Engineering) 목표를 갖고 있어서 종종 과학센터들이 재정지원을 얻기 위해서는 프로그램을 그런 방향으로 수정하도록 요구하기도 한다. 단기적 관점에서 이렇게 하는 것이 매력적으로 보일수도 있다. 그러나 특별 프로젝트에 대한 지원이 끝나면, 과학센터는 이러한 효과를 지속시킬 수 있는 기회가 거의 없어지게 되며, 이는 과학센터가 그토록 열심히 다가가려고 했던 지역사회를 실망시키는 것을 의미한다.

이 글을 쓰는 시점에서, 과학센터를 후원하는 미국의 연방기구들은 프로젝트의 결과를 평가할 때 단순히 산출물이나 프로젝트의 결과물뿐 아니라 프로젝트의 목표 달성이 가져오는 효과를 같이 묻는다. 이제 관람객 수나 센터가 제공하는 교사 교육 시간을 세는 것으로는 더 이상 충분하지 않다. 연방기구들은 과학센터가 프로그램의 결과를 정의하고 의미 있는 변화를 측정하길 원한다. 하지만 과학센터가 수행하는 많은 것들의 바람직한 결과에 대한 합의된 정의는 없다. 이 분야의 사려 깊은 사람들은 이 사안을 다루는 방법을 모색 중이며, 합리적인 평가에 대한 논의가 앞으로 수년 동안 계속 이어질 것이다.[9]

마지막으로, 모든 종류의 비영리단체들은 후원자들로부터 새로운 형태의 수입원이 될 수 있는 영리활동을 개발하라는 재촉을 받고 있다. 사회기업 자선사업가들은 센터의 결과물이 사회를 개선시킨다는 보장아래 새로운 사업의 자금을 약속한다. 예일대학과 골드만삭스(Goldman Sachs)는 비영리단체에서 개발하는 영리사업에 대한 경합을 실시하여 현금과 기술적 도움을 제공해주고 있다.[10] 대학과 병원들은 수년간 성공적으로 모험적 사업체를 파생시켰다. 소수의 과학센터만이 대형화면 영화를 만들거나 순회전시를 통해 이러한 기회를 갖는다. 그러나 새로운 지원 방식을 찾아야 할 필요성은 이전보다 커졌으며, 많은 센터들이 이 길을 택한다.

운영초기의 몇 년 동안 센터가 적절한 규모를 선택했는지, 자원들이 센터의 방침과 일치하는지를 발견하게 될 것이다. 재정에 도움이 되기보다는 오히려 재정을 소모하는 몇몇 양질의 프로그램이나 전시물을 제거함으로써 재정적인 목표를 이룰 수 있을지 모른다. 그렇지만 그렇게 하면 곧 더 이상 줄일 수 없는 바닥에 도달하게 될 것이다. 과학센터에는 운영하고 청소해야 할 건물과, 유지 관리 해야 하는 전시물, 그리고 맞이해야 할 사람이 있다. 이들은 고정 운영비용이다. 개선비용은 성장으로부터, 새로운 아이디어와 새로운 자금의 계획으로부터 나와야 한다.

새로운 주도권을 이행하기 위해서는 센터의 핵심 리더십을 개선해야 할지도 모른다. 지역사회에서의 사업 및 사회적 지도력은 변할 수 있다. 과학센터의 지속적인 전략적 계획을 후원해줄 이사회 구성원 영입에 대한 전략이 필요해질 것이다. 미션의 공헌, 하는 일과 그 방법, 그리고 21세기 관람객의 반응과 요구에 대한 변화를 기꺼이 받아들이는 준비를 계속 해야 한다.

주(註)

1. 방문객 설문조사는 1997년부터 2002년까지 피닉스에 있는 애리조나 과학센터에서 실시되었다.
2. 메릴랜드주 볼티모어에 있는 국립예술안정기금에서는 문화기관들을 위한 전략적 계획에 대한 자료와 단기과정을 개발하고 있다. www.artstabilization.org.

3. Barbara N. Flagg, "Lessons Learned from Viewers of GiantScreen Films," in *Giant Screen Films and Lifelong Learning* (St. Paul, Minn.: Giant Screen Theater Association, 1999).

4. 국립과학재단(National Science Foundation)의 비형식 과학교육(Informal Science Education) 보조금 프로그램 안내를 참고하라. www.nsf.gov.

5. Larry Bell 과 저자와의 대화에서 발췌

6. Joyce Gardella, "Promises to Keep: Making Branding Work for Science Centers," *ASTC Dimensions*, May/June 2002.

7. Wayne Atherholt and Wit Ostrenko, "Business.org: Museums and E-Commerce," *ASTC Dimensions*, November/December 2001.

8. Emlyn Koster, "Meeting Community Needs: Science Centers and Social Responsibility," *ASTC Dimensions*, January/February 2000.

9. 접근방식의 요약을 위해서는 다음을 참고하라. John H. Falk and Lynn D. Dierking, *Learning from Museums: Visitor Experiences and the Making of Meaning* (Walnut Creek, Calif.: AltaMira Press, 2000).

10. 정보를 얻기 원하면, 예일대학교 경영대학 또는 The Goldman Sachs Foundation Partnership on Non-profit Ventures, 560 Sylvan Ave., Englewood Cliffs, NJ 07632(전화 201/894-8950)으로 연락하면 된다.

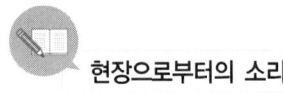 현장으로부터의 소리

지속 가능 모델 만들기 : 트렌드 읽기

●●● 폴 리차드(Paul Richard)

본 내용은 21세기에 접어드는 시기에 과학센터 지도자들의 관심이 요구되는 머리기사들 중에서 가져온 것으로, 이미 발 빠른 기관들로부터의 보고 내용도 담겨있다.

1. "고객 서비스" 법칙

1990년대 디즈니가 과학센터와 과학관들이 새롭게 닮고 싶어하는 기준이 되었다. 직원들이 디즈니월드와 다른 주요 놀이공원을 방문하여 그곳에서 체험할 수 있는 편의시설, 방문객 활동, 마케팅, 이동체계를 개선시키는 많은 운영 모델을 채택했다. 교육적 순수주의자들의 반발이 있었음에도, 많은 수의 협의회 분과에서 교육적 오락(Edutainment) 모델의 성장을 탐구한다.

2. 문화적 기관들은 "경험의 경제성"(Experience Economy)에서 경쟁하고 있다.

전 세계적으로 소매업자와 엔터테인먼트 업체들은 '테마화'를 채택하여 그들의 상품을 팔거나 배달하는데 몰입적 환경을 구축하였다. 과학센터와 과학관의 전시 기법이 상업적 기업에 의해 조정됨으로써

영리적인 것과 비영리적인 것 사이의 경계가 불분명해졌다. 과학관은 다른 상업적 기관의 경험과 구별이 되도록 하는데 더욱 세심한 주의를 기울이고 있다.

3. 시간부족이 소비자를 압박한다.

관람객들의 구조적이고 고도로 계획된 일상 그리고 다수의 교육적, 오락적, 여가적 선택은 과학센터로 하여금 그들의 여가 시간에 대해 단순히 다른 문화적 기관뿐 아니라 춤 강습으로부터 영화에 이르기까지 다양한 여가 활동들과의 경쟁에 직면하게 되었다. 방문객이 소비한 시간과 돈의 가치는 정당화되어야하며, 기관의 미션을 산뜻하게 자리매김하고 마케팅하려는 최선의 노력이 기울여져야 한다.

4. "지식 경제"(Knowledge Economy)에서 평생 학습은 중요하다.

관람객에 대한 관점에 변화가 생겼는데, 어떤 나이라도 배움에 실제 참여자가 된다는 것이다. 비판적 사고, 과정적 사고, 그리고 개인적으로 갖는 의미들이 전시물과 프로그램개발에 해석적 모델로 결집되었다.

5. 자선가는 책임을 요구한다.

최근 벤처 자선가들은 비영리단체에 투자 회수에 관한 문건을 요구하고 있다. 평가는 교육 부분을 넘어 전체 운영에 대한 체계적 확인으로 확대 되었다.

6. 기업후원자는 보상을 기대한다.

자선기금에 대한 경쟁이 증가함에 따라, 기업 기부자로부터 좀 더 많은 후원 혜택을 강요받게 되었다. 기부금을 얻기 위해서는 기업 마케팅 부서를 설득해야 한다. "우리에게 무슨 이익이 있는가?"라는 기업의 질문에 과학센터는 미션에 입각한 답을 준비해야 한다.

7. 인구 통계가 바뀌고 있다.

주어진 인구분포의 변화를 투영하여, 과학센터와 박물관들은 지역사회와의 관련성, 다양성, 지속가능성의 관계를 이해하게 된다. 사이코그래픽스(Psychographics; 수요 조사 목적으로 소비자의 행동 양식·가치관 등을 심리학적으로 측정하는 기술)를 공부해온 몇몇 사람들은, 현재의 관람객과 잠재적인 관람객을 구별하고, 대중의 관심과 연결되도록 전시물과 프로그램을 유연하게 한다. 회원 프로그램은 비전통적인 가족들에게 맞추도록 설계되어 왔다.

8. 베이비붐 세대가 나이 들고 있다.

과학센터와 박물관 관람객의 절반 이상은 과학관 방문이 그들 자신과 아이들 그리고 손자들에게 큰 가치가 있다는 것을 인식하고 있는 어른들이다. 과학관이 실감하고 있는 것처럼, 베이비붐 세대는 더 해보고, 더 배우고, 더 참여하기를 원하는 것 뿐 아니라 거대한 경제적 원동력이 되었다.

9. 기술이 교육을 바꾸고 새로운 관객을 끌어온다.

다른 기관들처럼 과학센터도 웹사이트 방문자 수를 센다. 그러나 과학센터들은 과학기술을 전시품, 프로그램, 운영체계에 결집하는 한편, 효과적인 새로운 매체와 학습 기자재를 만들어내기 위해서는 새로운 역량과 자원이 필요하다는 것을 배우고 있다. 전문기술과 "적시 제공" 재능의 외주는 기관의 제한된 자원에 대한 대안을 제공한다.

10. 표준적인 것을 배우고 시험 보는 일은 학교가 할 일이다.

교육적인 표준이 과학관의 전시물이나 프로그램 개발에 큰 영향을 미친다. 과학센터는 새로운 개념과 생각을 표현하는 혁신적인 학습과 정규 교육 체계에서 교사와 학생들의 요구를 제공하는 것 사이에서 균형을 추구하고 있다.

과학센터가 이런 트렌드를 반영하고 미래를 예견하기 위한 몇 가지 주제가 돋보인다. 어떤 기관은 협력과 경쟁을 동시에 추구하며, 경제적인 성공도 이루면서 전체적인 학습공동체에서 차별화된 역할을 수행하고 있다. 또 어떤 기관은 이익추구형 사회의 혁신적인 비즈니스 모델을 채택하여, '사회적 책임'을 가치로 하는 '사회선'이라는 제품을 제공하는 데 초점을 둔다. 20세기 후반, 자본의 과다 투자를 불러온 건축 붐은 건물이 아닌 프로그램 개발을 의미하는 "변화를 위한 건설" 환경을 제공했다. 이사, 기부자, 후원자, 학교, 그리고 다른 이해당사자들을 위한 결과 측정의 요구는 압력을 가중시킨다. 과학관과 과학센터는 그들의 운영 전체에 걸쳐 인지적이고 정서적인 영향력과 운영의 효율성을 서류로 입증할 지표, 기준 그리고 성공의 척도를 개발해야만 한다.

과학센터의 지도자와 기획자는 그들의 기관이 얼마나 타당하고 시의적절한지를 스스로에게 물어보아야 한다. 그들은 급격한 과학적 변화와 시의적 이슈, 그리고 최근 생겨난 기술의 이해를 민첩하고 용이하게 하는 새로운 수단을 찾아야한다. 과학센터는 학습기관인가? 그들은 충분히 빠르게 변화하고 있는가?

폴 리차드 : smallExhibits.com의 대표이사로, 인디애나폴리스 어린이박물관 전시와 프로그램 부사장과 박물관 부사장을 역임하였다.

견 해

숨겨진 자산을 통한 지속적인 성장

••• 쉴라 그리넬(Sheila Grinell)의 논평

21세기를 맞이하여 모든 기관들은 새로운 조건에 직면하고 있다. 사업분석가 가운데 많은 사람들이, 전략에 대한 새로운 중요성과 함께, 지난 세기에 개발된 사업 성장 모델을 개정하고 있다. 2002년 7월에 출간된 『하버드 비즈니스 리뷰』(Harvard Business Review)의 "성장의 위기와 탈출 방법"(The Growth Crisis-and How to Escape It)에서, 애드리언 슬리워츠스키(Adrian Slywotsky)와 리처드 와이즈(Richard Wise)는, 회사들은 시장과 이익의 확대에 초점을 둔 "제품 중심"의 사고방식을 버리고, 대신에 혼잡하고 경쟁적인 경제에 가치를 제공하는 새로운 방법을 찾을 것을 주장하였다.

슬리워츠스키와 와이즈는 대부분의 기존 회사들이 이미 가지고 있는 회사의 숨겨진 자산과 충분히 이용하지 않았던 무형의 능력과 이점을 폭넓게 배열하여 이를 지렛대로 활용함으로써 지속적인 성장을 이룰 수 있다고 말한다. 이들의 생각의 많은 부분이 비영리 기관에도 똑같이 적용된다. 과학센터 역시 그들의 지역사회에서 가치 있는 장소로 확고히 자리 잡기 위해 그들의 숨겨진 자산을 개발하는 방법을 찾을 수 있다.

슬리워츠스키와 와이즈가 제안하는 하나의 전략은, 단순히 지속

적인 제품 개선보다는 그들이 고차원 필요성(Higher-order Needs)이라 부르는 것을 역점을 두어 다루는 것이다. 그들이 예를 든 존슨 컨트롤(Johnson Control)사의 경우, 1990년대에 회사가 자동차 좌석을 조립하는 것으로부터 통합된 인테리어를 제공하는 방향으로 초점을 바꾼 결과, 자동차 디자인의 위험과 복잡성은 줄어들고 자동차 조립의 효율성은 개선되었다. 고객의 고차원 필요성을 역점을 두어 다루고 그들의 경제를 개선함으로써 존슨 컨트롤사는 시장을 확장하고 수익을 끌어올렸다.

저자들이 인용한 또 다른 예는, 고객의 시간을 절약하고 마무리 작업의 품질을 높이는 다양한 주택 구조 변경 서비스를 제공한 시어스 그레이트 인도어(Sears Great Indoor)사로, 그 과정에서 시어스는 주택 구조 변경 시장에서 강력한 위치를 획득하였다. 존슨 컨트롤사와 시어스 그레이트 인도어사와 같은 성공을 이룬다는 것은 경쟁사의 자산보다 당신의 자산이 고객의 "고차원 요구사항"을 충족시키기에 더 큰 이득이라는 것을 확실히 해야 한다는 의미이다.

다음 쪽에 주어진 "숨겨진 자산을 통한 지속적인 성장"이라는 표에서 슬리워츠스키와 와이즈는 지속적인 성장을 이루기 위해 숨겨진 자산 또는 충분히 활용하지 못한 "핵심 제품과 서비스의 생산과 배달의 부산물"을 사용한 다른 회사의 예를 보여주고 있다.

과학센터는 슬리워츠스키와 와이즈가 묘사한 여러 종류의 숨겨진 자산의 많은 것들을 영리 목적의 세계와 나누고 있다. 어떤 과학관에서는 방문객과 교육활동 참가자인 "고객"이 커다란 기초가 될 수 있다. 또 다른 기관에서는 도시의 주요 부분에 위치한 것이 숨겨진 자산일 수 있다. 당신의 기관에서는 "사용자 공동체"라는 회원의 조직망이나, 또는 전시와 교육 직원의 지식과 경험이 숨겨진 자산일 수 있다.

슬리워츠스키와 와이즈에 의하면, 이러한 전략적 사고로 이동하는 첫 단계는 전통적인 제품 중심 성장의 한계를 인정해야 하는 개인적인 요구의 본성에 대한 제고, 그리고 고객의 요구를 유익하게 만족시키도록 예전에 충분히 활용하지 못한 자산을 창조적으로 확인하고 관리하는 것이다. 과학센터에 대해서도 똑같이 말할 수 있다.

견 해

숨겨진 자산을 통한 지속적인 성장

••• 애드리언 슬리워츠스키(Adrian. Slywotsky)
••• 리처드 와이즈(Richard Wise)

구분	자산의 형태	자산을 개발한 회사
고객과의 관계	도달 : 많은 고객수 도달 가능성	맥도날드(Mcdonald)의 하루 고객은 4,800만명이다.
	상호작용 : 고객과 자주 또는 의미 있는 접촉	월마트(Wal-Mart) 고객은 전통적인 할인매장보다 두 배 이상 자주 방문한다.
	통찰력 : 고객과 자신들의 사업문제에 대한 상세한 지식 보유	지이플라스틱(GE Plastics)은 자동차 구성요소 설계 문제에 전문성을 갖추고 있다.
	권위 : 해당 분야의 전문가로 명성을 지님	유피에스(UPS)는 물류관리 전문회사로 존경받는다.
전략적 부동산	가치사슬위치 : 공급업체, 제조업체, 그리고 소비자의 사슬 내에서 우위의 위치를 점령	델(Dell)은 컴퓨터 제조업체와 최종 사용자 사이의 중요한 위치를 차지하고 있다.
	시장위치 : 경쟁자에 비해 강력한 위치에 있을 것	드월프 부동산(DeWolfe Realty)은 주택 중개인 역할을 받아들여 담보대출에 이은 보험판매를 장악하였다.

구분	자산의 형태	자산을 개발한 회사
네트워크	포탈 : 정보, 제품, 또는 서비스에 접촉하는데 사용해야하는 게이트웨이의 제어	젬스타 TV 가이드 인터네셔널(Gemstar-TV Guide International)은 대화형 텔레비전 프로그램 가이드를 1,500만 가정에 제공한다.
	제3자와의 관계 : 공급업체 또는 콘텐츠 제작사와 같은 주요 파트너와의 독특관 관계를 지닐 것	오라클(Oracle)은 수평 및 수직적 애플리케이션 개발 동업자들로 넓게 구성되어 있다.
	설비기반 : 제품이나 서비스의 소유자와 사용자에게 접근하기	보잉(Boeing)은 전 세계 항공사의 약 75%에 해당하는 13,000대 이상의 상업용 제트여객기 설비기반을 가지고 있다.
	사용자 커뮤니티 : 당신의 제품과 관련된 거대 조직에 스스로가 속한다고 생각하는 사람들을 갖기	할리-데이비슨(Harley-Davidson)은 650,000명의 운전자와 매니아로 구성된 능동적인 소유자 그룹을 가지고 있다.
정보	거래의 흐름 : 동종 또는 인접 업종 내에서 거래나 광고 기회와 같은 잠재적인 거래에 대한 우선적인 접근권을 갖기	시스코(Cisco)는 통신업계에서 거의 모든 잠재적인 거래를 초기에 접근할 수 있다.
	마켓윈도우 : 시장 활동에 대한 뛰어난 비전 갖기	나이트 트레이딩(Knight Trading)은 투자전문기관의 역할 때문에 주식업계의 동향을 살핀다.
	기술적 노하우 : 고객에게 중요한 영역에서 깊고, 종종 특허를 받은 기술적 지식을 소유하기	아이비엠(IBM)은 SAP의 소프트웨어 구현의 전문기관이다.

구분	자산의 형태	자산을 개발한 회사
	소프트웨어 및 시스템 : 잠재적인 대외 가치를 갖는 내부적으로 개발된 IT 시스템 보유하기	아메리칸항공(American Airlines)은 최고의 항공권 예약 및 구매 시스템인 사브르(Sabre)의 기초가 되는 강력한 사내 예약관리 도구를 가지고 있다.
	부차적인 정보 : 현재 운영되는 사업을 통해 얻어진 정보 중 해당 사업 외적인 가치를 지닌 정보를 보유하기	퀸타일즈 다국적제약회사(Quintiles Transnational)는 임상시험 관리 운영 중 제약 마케팅 부서에서 활용하기 위한 약물 사용 정보를 획득한다.

위의 표는, 2002년 7월에 애드리언 슬리워츠스키(Adrian J. Slywotzky)와 리처드 와이즈(Richard Wise)가 쓴 "성장의 위기와 극복방법"(The Growth Crisis-and How to Escapr It, 2002년 7월)에 나온 것으로, 하버드 비즈니스 리뷰(Harvard Business Review)의 허락 하에 수록한 것이다. 모든 저작권은 하버드 비즈니스 스쿨 출판사(Harvard Business School Publishing Corporation)에 있다.

 부록 A

과학센터의 협력망

Asia Pacific Network of Science and Technology Centres(ASPAC)

www.sci-ctr.edu.sg/apnstc

Asociación Mexicana de Museos y Centros de Ciencia y Tecnológia (AMMCCyT)

www.ammccyt.org.mx

Associação Brasileira de Centros e Museus de Ciência(ABCMC)

e-mail museudavida@fiocruz.br

Association of Science-Technology Centers Incorporated(ASTC)

www.astc.org

Australasian Science and Technology Exhibitors Network(ASTEN)

www.astenetwork.net

Canadian Association of Science Centres

http://canadiansciencecentres.ca

Chinese Association of Natural History Museums(Beijing)

fax(86)(1) 831-2683

European Collaborative for Science, Industry & Technology Exhibitions(ECSITE)

www.ecsite.net

International Committee of Science and Technology Museums(CIMUSET)

www.cimuset.net

Irish Science Centres Association Network(iSCAN)

www.iscan.ie

National Council of Science Museums(India)

www.ncsm.org

Nordisk Science Center Forbund

www.nordicscience.org

Red de Popularización de la Ciencia y la Tecnología para América Latina y el Caribe(Red-POP)

www.red-pop.org

Southern African Association of Science and Technology Centres(SAASTEC)

www.saastec.co.za

부록 B

과학센터 개요

	초소형 20,000 ft². (=1,858㎡) 이하 34개	소형 20,000-75,000 ft². (1,858-6,967㎡) 39개	중형 75,000-200,000 ft². (6,967-18,580㎡) 20개	대형 200,000 ft². (18,580㎡) 이상 8개
내부 공용면적	7,939 ft². (=737㎡)	40,000 ft². (=3,716㎡)	102,000 ft². (=9,476㎡)	266,000 ft². (=24,712㎡)
총 관람객	59,336	171,577	533,844	1,317,650
학교단체관람객	12,958	48,061	128,445	132,281
상주직원수	7	21	89	219
시간제직원수	6	17	62	69
자원봉사자	117	162	406	540
운영수입	$633,000	$2,586,000	$7,613,000	$20,327,000
소득	48%	48%	66%	65%
공공투자	23%	27%	20%	16%
개인투자	29%	25%	15%	19%
시설 대형영상관	3%	26%	75%	63%
시설 천체영상관	24%	31%	65%	38%
시설 상점	85%	90%	95%	88%
시설 식당	9%	36%	80%	88%
시설 실외전시물	41%	41%	50%	50%

자세한 수치는 2002년 ASTC 과학센터 통계자료집에 보고되어 있다. 통계조사에서 31% 답변을 받았으며, 각 크기별 기관수가 표시되어있다. 개별적인 질문에 대한 답은 다양하다. 크기 분류는 내부공용면적을 기준으로 하였으며, 따로 표시되지 않은 경우 모든 수치는 평균값이다.
관람객수는 온라인, 오프라인을 합한 수치이며, 운영수입에 기증물품은 포함되지 않았다. 수입은 입장료, 회원회비, 수업료, 이자, 상점 등의 임대수입을 포함한다.

참고문헌

Alt, Michael B. "Four Years of Visitor Surveys at the British Museum (Natural History) 1975-79." In *Museums Journal,* Vol. 80 (1980).

American Association for the Advancement of Science. "Chapter 13: Effective Learning and Teaching." In *Science for All Americans,* Washington, D.C.: AAAS, 1989.

Ames, Peter. "Measures of Merit?" In *Museum News,* September/October 1991.

Anderson, Peter. *Before the Blueprint: Science Center Buildings.* Washington, D.C.: ASTC, 1991.

Association of Science-Technology Centers. *From Enrichment to Employment: The Youth ALIVE! Experience.* Washington, D.C.: ASTC, 2001.

_____. *Science Center Workforce2001: An ASTC Report.* Washington, D.C.: ASTC, 2002.

_____. *ASTC Sourcebook of Science Center Statistics 2002.* Washington, D.C.:ASTC, 2003.

Atherholt, Wayne, and Wit Ostrenko. "Business.org: Museums and E-Commerce." In *ASTC Dimensions,* November/December 2001.

Bailey, Elsa. "Review of Selected References from Literature Search on Field Trips/School Group Visits to Museums." Washington, D.C.:

ASTC, 1999. Available on the ASTC web site, at www.astc.org.

"Bernoulli Blowers from Around the World." August 2002. Available on the Exploratorium web site, at www.exploratorium.edu/books/bernoulli.

Borun, Minda, et al. *Planets and Pulleys: Studies of School Visits to Science Museums*. Washington, D.C.: Association of Science-Technology Centers, 1983.

Borun, Minda, and Maryanne Miller. "To Label or Not to Label?" In *Museum News*, March/April 1980.

Bradburne, James. "Beyond Hands-On: Truth-telling and the Doing of Science." In *The Nuffield Foundation Interactive Science and Technology Project Occasional Newsletter*, Vol. 12 (July/August 1989).

Bransford, John D., Ann L. Brown, and Rodney R. Cocking, eds. *How People Learn: Brain, Mind, Experience, and School*. Washington, D.C.: National Academy Press, 1999.

Brown, John Seely, et al. "Cognitive Apprenticeship: Making Thinking Visible." In *Educational Researcher*, Vol. 18, No. 1 (January/February 1989).

Bruman, Raymond, and Ron Hipschman. *Exploratorium Cookbooks I, II, III*. San Francisco, Calif.: The Exploratorium, 1987.

Chabotar, Kent. "Cost Analysis in Schools and Other Nonprofits: A Management Perspective." In *Urban Education*, Vol. 24, No. 2 (July 1989).

Copes, Jane Snell. *Let's Try It... and See What Happens! Science*

Experiments for Public Settings. St. Paul, Minn.: Science Museum of Minnesota, 1996.

Cox, D. "Attitudes to Science Among the Public Visiting Science Centres/Exhibitions." Unpublished project report. London: British Association for the Advancement of Science.

Crane, Valerie, et al. *Informal Science Learning*. Dedham, Mass.: Research Communications Ltd., 1994.

Crowley, Kevin L., et al. "Parents Explain More Often to Boys Than to Girls during Shared Scientific Thinking." In *Psychological Science*, Vol. 12, No. 3 (May 2001).

Csikszentmihalyi, Mihaly, and Kim Hermanson. "Intrinsic Motivation in Museums: What Does One Want to Learn?" In *Public Institutions for Personal Learning: Establishing a Research Agenda*, edited by John H. Falk and Lynn D. Dierking. Washington, D.C.: American Association of Museums, 1995.

A Curious Alliance: The Role of Art in a Science Museum. San Francisco: Calif.: The Exploratorium, 1994.

Danilov, Victor J. *Science and Technology Centers*. Cambridge, Mass.: The MIT Press, 1982.

Diamond, Judy. "The Exploratorium's Explainer Program: The Long-Term Impacts on Teenagers of Teaching Science to the Public." In *Science Education*, Vol. 71, No. 5 (1987).

_____, *Practical Evaluation Guide*. Walnut Creek, Calif.: AltaMira

Press/American Association for State and Local History, 1999.

Dierking, Lynn D., and Wendy Pollock. *Questioning Assumptions: An Introduction to Front-End Studies in Museums.* Washington, D.C.: ASTC, 1998.

Dimmock, Katherine. "Models of Adult Participation in Informal Science Education." Ph.D. dissertation. Northern Illinois University, 1985.

Doble, John, and Amy Richardson. "Scientific Issues and Thoughtful Public Involvement: A Case of the Impossible vs. the Inevitable?" New York: The Public Agenda Foundation, 1990.

Duckworth, Eleanor. *The Having of Wonderful Ideas & Other Essays on Teaching and Learning.* New York: Teachers College, 1987.

Edward, Deborah, et al. *Youth Volunteer Programs in Museums.* Austin, Texas: Austin Children's Museum, 1989.

"Environments for Learning." Special issue of the *Journal of Museum Education*, Vol. 27, No. 1 (Spring 2002).

Europeans, Science, and Technology, European Commission Eurobarometer 55.2 (December 2001). Available at http://europa.eu.int/comm/research.

Evered, David, and Maeve O'Connor, eds. *Communicating Science to the Public.* New York: John Wiley and Sons, 1987.

Everyone's Welcome: The Americans with Disabilities Act and Museums.

Washington, D.C.: American Association of Museums, 1999.

Ewing, Thomas S. "Voyages of the Mind, Informal Learning." In *Synergy*, a publication of the National Science Foundation Directorate for Education and Human Resources. January 1999. Available at www.ehr.nsf.gov/rec/pubs/newSYN/January 1999/SYN6FEAT.HTM.

Falk, John H., and Lynn D. Dierking. *Learning from Museums: Visitor Experiences and the Making of Meaning*. Walnut Creek, Calif.: AltaMira Press, 2000.

_____. "School Field Trips: Assessing Their Long-Term Impact." In *Curator*, Vol. 40, No. 3 (September 1997).

Falk, Lisa. "'Not about Stuff, But for Somebody': Michael Spock on the Client-Centered Museum." In *Journal of Museum Education*, Fall 1987.

Feher, Elsa, and Karen Rice. "Development of Scientific Concepts Through the Use of Interactive Exhibits in a Museum." In *Curator*, Vol. 28, No.1 (1985).

Ferriot, Dominque, and Bruno Jacomy. "The Museum des Arts et Metiers." In *Museums of Modern Science*, edited by Svante Lindqvist. Canton, Mass.: Science History Publications and The Nobel Foundation, 2000.

Flagg, Barbara. "Implementation Formative Evaluation of Earth Over Time Videodisc." Bellport, N.Y.: Multimedia Research, 1990.

_____. "Lessons Learned from Viewers of Giant-Screen Films." In *Giant Screen Films and Lifelong Learning*. St. Paul, Minn.: Giant Screen Theater Association, 1999.

Friedman, Alan. "They're Having Fun . . . but Are They Learning Anything?" In *Forum on Education of the American Physical Society*, Spring 2001.

Available at www.aps.org/units/fed/spring2001/friedman.html.

Fry, Robert. "Delightful Sound and Distracting Noise: The Acoustic Environment of an Interactive Museum." In *Journal of Museum Education*, Vol. 27, No. 1 (2002).

Gardella, Joyce. "Promises to Keep: Making Branding Work for Science Centers." In *ASTC Dimensions*, May/June 2002.

Gottfried, Jeffry. "Do Children Learn on School Field Trips?" In *Curator*, Vol. 23 (September 1980).

Great Explorations in Math and Science (GEMS) Series. Berkeley, Calif.: Lawrence Hall of Science, various dates.

Grinell, Sheila, and Patricia Curlin. *Using Scientist Volunteers at Museums*. Washington, D.C.: American Association for the Advancement of Science, 1990.

Hawkins, David. "Critical Barriers to Science Learning." In *Outlook*, Vol. 29 (1978). Available at www.astc.org/resource/educator/critibar.htm.

Hein, Hilde. *The Exploratorium: The Museum as Laboratory*. Washington, D.C.: Smithsonian Institution Press, 1990.

Holland, Ilona E. "New York Hall of Science Career Ladder: Evaluation Final Report." December 1994.

Johnston, Douglas A. "The Law of Museum Safety." In *The International Journal of Museum Management and Curatorship*, Vol. 6 (1987).

Johnson, Roger, and David Johnson. "Cooperative Learning and the Achievement and Socialization Crises in Science and Mathematics Classrooms." In *Students and Science Learning,* edited by Audrey Champagne and Leslie Hornig. Washington, D.C.: American Association for the Advancement of Science, 1987.

Kennedy, Jeff. *User-Friendly: Hands-On Exhibits That Work.* Washington, D C.: ASTC, 1990.

Klages, Ellen. *When the Right Answer Is a Question: Students as Explainers at the Exploratorium.* San Francisco: The Exploratorium, 1995.

Korn, Randi, and Johanna Jones. "An Analysis of Differences between Visitors at Natural History Museums and Science Centers." In *Curator,* Vol. 38, No. 3 (1995).

_____. "Visitor Behavior and Experiences in the Four Permanent Galleries at The Tech Museum of Innovation" In *Curator,* Vol. 43, No. 3 (July 2000).

Korn, Randi, and Laurie Sowd. *Visitor Surveys: A User's Manual.* Washington, D C.: American Association of Museums, 1999.

Koster, Emlyn. "Meeting Community Needs: Science Centers and Social Responsibility." In *Daedalus*, Vol. 128, No. 3 (1999).

Lake Snell Perry & Associates. "Report on Findings of Research." Summary of results from a nationwide poll on Americans' perceptions of museums as trustworthy sources of objective information. Washington, D.C.: American Association of Museums, March 2001.

Malcom, Shirley. "Who Will Do Science in the Next Century?" In *Scientific American*, February 1990.

Marsh, Caryl. "Opening the Way for Questions." In *Northeast Training News*, October 1980.

Matusov, Eugene, and Barbara Rogoff. "Evidence of Development from People's Participation in Communities of Learners." In *Public Institutions for Personal Learning: Establishing a Research Agenda*, edited by John H. Falk and Lynn D. Dierking. Washington, DC: American Association of Museums, 1995.

Maxwell, Lorraine E., and Gary W. Evans. "Museums as Learning Settings: The Importance of the Physical Environment." In *Journal of Museum Education*, Vol. 27, No. 1 (2002).

Maxwell, Margaret. "You Can Build a Campaign." *Fund Raising Management*, June 1989.

McCormick, Susan, and Wendy Pollock, eds. *The Association of Science-Technology Centers Science Center Survey Report Series: Exhibits Report and Directory, Education Report and Directory, and Administration and Finance Report*. Washington, D.C.: ASTC, 1988-1989.

McLean, Kathleen. *Planning for People in Museum Exhibitions*. Washington, D.C.: ASTC, 1992.

McManus, Paulette. "It's the Company You Keep ... the Social Determination of Learning-Related Behaviour in a Science Museum." In *The International Journal of Museum Management and Curatorship*, Vol. 6 (1987).

Middlebrooks, Sally. *Preparing Tomorrow's Teachers: Preservice Partnerships between Science Museums and Colleges*. Washington, D.C.: ASTC, 1996.

Miles, Roger. "Audiovisuals, a Suitable Case for Treatment." In *Visitor Studies: Theory, Research, & Practice*, Vol. 2, edited by Stephen Bitgood. Jacksonville, Ala.: The Center for Social Design, Jacksonville State University, 1989.

Miller, Jon. *The American People and Science Policy*. New York: Pergamon Press, 1983.

_____. "Civic Scientific Literacy: A Necessity in the 21st Century." In *FAS Public Interest Report: The Journal of the Federation of American Scientists*, Vol. 55, No.1 (January/February 2002).

Morrison, Philip, and Phylis Morrison. "...But TV Is Not Enough." In The *AAAS Observer*, 3 November 1989.

National Academy of Sciences. "Chapter 5: Assessment in Science

Education." In *National Science Education Standards*. Washington, D.C.: National Academy of Sciences, 1995. A synopsis of the standards is available at www.nap.edu books/0309062357/html/.

National Center for Education Statistics. *Highlights from the Third International Mathematics and Science Study-Repeat (TIMSS-R)*. Washington, D C.: Office of Educational Research and Improvement. U.S. Department of Education, 1995. Available at http://nces.ed.gov/timss/timss-r.

National Science Center for Communications and Electronics. *Estimates of Annual Number of Visitors to the NICE Discovery Center: Executive Report*. Fort Gordon. Ga : National Science Center for Communications and Electronics, 1989.

National Science Foundation. "Chapter 7: Science and Technology: Public Attitudes and Public Understanding." Section on "Public Interest in and Knowledge of Science & Technology." In *Science and Engineering Indicators 2002*. Washington. D.C.: National Science Foundation, 2002.

Nichols, David. "Managing the Transition into the Campaign." In *Fund Raising Management,* June 1989.

Office of Science and Technology and the Wellcome Trust. *Science and the Public: A Review of Science Communication and Public Attitudes to Science in Britain*. London: October 2000. Available in PDF at www.wellcome.ac.uk/en/1/mismiscnepub.html.

Oppenheimer, Frank, et al. *Worning Prototypes*. San Francisco, Calif.: The Exploratorium, 1986.

Orselli, Paul. *Cheapbook: A Compendium of Inexpensive Exhibit Ideas*. Washington, D.C.: ASTC, 1995.

_____. *Cheapbook 2: A Compendium of Inexpensive Exhibit Ideas*. Washington, D.C.: ASTC, 1999.

Persson, Pelle. "Global Science Centre Statistics." Compiled for 3rd Science Centre World Congress, Canberra, Australia, February 2002.

Richards, Peter. "The Greater Good: Why We Need Artists in Science Museums." In *ASTC Dimensions,* July/August 2002.

Robinson, Michael. "Bioscience Education through Bioparks." In *BioScience,* Vol. 38, No. 9 (October 1988).

Rochelle, Jeremy. "Learning in Interactive Environments: Prior Knowledge and New Experience." In *Public Institutions for Personal Learning,* edited by John H. Falk and Lynn D. Dierking. Washington, D.C.: American Association of Museums, 1995.

Sauber, Colleen M., ed. *Experiment Bench: A Workbook for Building Experimental Physics Exhibits*. St. Paul, Minn.: Science Museum of Minnesota, 1994.

Schauble, Leona, et al. "A Framework for Organizing a Cumulative Research Agenda in Informal Learning Contexts." In *Journal of Museum Education,* Vol. *22,* No. 2/3 (1997).

Schneps, Matthew H., and Philip M. Sadler. "A Private Universe." Workshop guide and video. Cambridge, Mass.: Harvard-Smithsonian Center for Astrophysics, Department of Science Education, 1985.

Serrell, Beverly. *Making Exhibit Labels: A Step by Step Guide.* Nashville, Tenn.: American Association for State and Local History, 1983.

Shaver, Carl. "The Rights and Rituals of Fund Raising." In *Museum News,* February 1973.

Shortland, Michael. "No Business Like Show Business." In *Nature,* Vol. 328 (1987).

Solomon, Joan. *Teaching Children in the Laboratory.* London: Croom Helm, 1980.

St. John, Mark. *First-Hand Learning: Teacher Education in Science Museums.* Two volumes. Washington, D.C.: ASTC, 1990.

_____. "New Metaphors for Carrying Out Evaluations in the Science Museum Setting." In *Visitor Behavior,* Fall 1990.

St. John, Mark, and Sheila Grinell. *The Association of Science-Technology Centers Science Center Survey: An Independent Review of Findings.* Washington, D.C.: ASTC, 1989.

Stevenson, John. "The Long-Term Impact of Interactive Exhibits." In *International Journal of Science Education,* Vol. 13, No. 5 (1991) 1.

Sullivan, Robert. "Trouble in Paradigms." In *Museum News,* January/February 1992.

Taylor, Samuel. *Try It! Improving Exhibits through Formative Evaluation*. Washington, D.C.: ASTC, 1991.

Ullberg, Alan, and Patricia Ullberg. *Museum Trusteeship*. Washington, D.C.: American Association of Museums, 1981.

Vergeront, Jeanne. "Shaping Spaces for Learners and Learning." In *Journal of Museum Education*, Vol. 27, No. 1 (2002).

Watson, Bruce, and Richard Kopnicek. "Teaching for Conceptual Change: Confronting Children's Experience." In Phi Delta Kappan, May 1990.

Weber, Joseph. *Managing the Board of Directors*. New York: The Greater New York Fund, Inc., 1975.

Weil, Stephen E. "A Checklist of Legal Considerations for Museums." In *Museum News*, September/October 1987.

Weiss, Iris R., et al. *Report of the 2000 National Survey of Science and Mathematics Education*. Chapel Hill, N.C.: Horizon Research, Inc., December 2001.

Wilcoxon, Sandra. "Measuring Your Impact." In *Museum News*, November/ December 1991.

Wireman, Peggy. *Partnerships for Prosperity: Museums and Economic Development*. Washington, DC: American Association of Museums, 1997.

정기주(Keeju Jeong)
공주대학교 사범대학 물리교육과
대학원 과학관학과
연구실 : (041) 850-8272
E-mail : keeju@kongju.ac.kr

과학관의 건립과 운영

인 쇄	2018년 8월 31일
발 행	2018년 8월 31일
저 자	쉴라 그리넬
역 자	정기주
발 행 처	공주대학교 출판부
	충청남도 공주시 공주대학로 56
	☎(041) 850-8752
인 쇄 소	정우COM.
	☎(042) 636-1630
I S B N	979-11-86737-17-0
정 가	16,000원

이 책의 무단 전재와 무단 복제를 금합니다.